PEIWANG BUTINGDIAN ZUOYE JISHU WENZHEN

# 配网不停电作业技术

主　　编　杨晓翔

编写人员　杨晓翔　周明杰　许国凯

审核人员　高旭启　周　兴　平　原　施震华　周利生
章锦松　张捷华　石宵峰　钱　栋

中国电力出版社
CHINA ELECTRIC POWER PRESS

## 内 容 提 要

本书主要针对现场人员在生产中遇到的技术难题而开发，力求在内容上体现创新性、实用性和对生产的指导性。本书先引入案例、再进行案例分析，并围绕案例从配网施工、运行的角度展开相关知识点的阐述分析。内容覆盖了配电网架空线路带电作业和10kV电缆不停电作业的项目，同时也介绍了新工具、新方法。全书共8个章节、21个模块、23个案例和93个知识点（技术难题）。

本书可供配网架空线路带电作业或10kV电缆不停电作业的生产技能人员参考使用。

**图书在版编目（CIP）数据**

配网不停电作业技术问诊/杨晓翔主编. —北京：中国电力出版社，2015.10（2024.11重印）

ISBN 978-7-5123-8161-2

Ⅰ.①配…　Ⅱ.①杨…　Ⅲ.①配电系统-带电作业　Ⅳ.①TM727

中国版本图书馆CIP数据核字（2015）第193658号

中国电力出版社出版、发行

（北京市东城区北京站西街19号　100005　http://www.cepp.sgcc.com.cn）

北京天泽润科贸有限公司印刷

各地新华书店经售

*

2015年10月第一版　2024年11月北京第四次印刷

787毫米×1092毫米　16开本　13.25印张　216千字

印数3501—4000册　定价**45.00**元

# 前 言

2012年，国家电网公司运维检修部下发了《关于印发深入推进配网不停电作业工作意见的通知》，提出了“配网不停电作业”的概念。配网不停电作业的范围包括配网架空线路带电作业和10kV电缆不停电作业，作业对象从配电架空线路及设备扩展到电缆线路和设备，是以实现用户不中断供电为目的，采用带电作业、旁路作业等方式对配网设备进行检修的作业方式。配网不停电作业是在国家电网公司“三集五大”管理体系建设下，一种符合配网状态检修原则的综合配电网检修方式。2013年以来，国家电网公司对10kV电缆不停电作业进行全面的推广和培训。但目前，国家电网公司尚未针对配网不停电作业工作下达专用的工作票，配网架空线路带电作业或10kV电缆不停电作业在某些组织措施和技术措施上存在一些差异，因此本书存在一些表述上差异。

本教材主要针对现场人员在生产中遇到的技术难题而开发，是一本问题解决式和针对式培训教材。全书共8个章节、21个模块、23个案例和93个知识点（技术难题），力求在内容上体现创新性、实用性和对生产的指导性，可供配网架空线路带电作业或10kV电缆不停电作业的生产技能人员参考使用。本教材在结构上先引入案例、再进行案例分析，并围绕案例从配网施工、运行的角度展开相关知识点的阐述分析，内容覆盖了配电网架空线路带电作业和10kV电缆不停电作业的项目，同时也介绍了新工具、新方法。

在本书的编写过程中，得到了易辉高级工程师、陈德俊高级讲师的指导，得到了国网浙江省电力公司各地市配电带电作业班组长的支持，在此一并表示衷心的感谢。

由于时间仓促，以及限于编著者专业知识的不足，书中难免有疏漏或错误的地方，请读者给予指正。

编 者

# 目录

# 第一章

# 配网不停电作业的组织措施

## 第一模块 现 场 勘 察

### 第一单元 案 例

某配电带电作业班组需进行更换杆上断路器的工作，按照周计划组织带电作业经验丰富的人员到现场进行现场勘察。现场勘察记录如表1-1所示。

**表1-1　　　带负荷更换断路器现场勘察记录（1）**

勘察单位：××供电公司　部门（或班组）：配电带电作业中心　编号：××DD2014-101

勘察负责人：许××　　勘察人员：杨××

勘察的线路名称或设备双重命名（多回路应注明双重称号及方位）：110kV××变10kV富润554线52号杆101号断路器

工作任务［工作地点（地段）和工作内容］：××路，10kV富润554线52号杆，更换101号断路器

现场勘察内容：

| 现场勘察内容 |
| --- |
| 1. 工作地点需要停电的范围<br>10kV富润554线52号杆101号断路器及电源侧1011号隔离开关应处于断开位置 |
| 2. 保留的带电部位<br>10kV富润554线52号杆1011号隔离开关静触头及引线，电源侧架空线路 |
| 3. 作业现场的条件、环境及其他危险点［应注明：交叉、邻近（同杆塔、并行）电力线路；多电源、自发电情况；地下管网沟道及其他影响施工作业的设施情况］<br>并行电力线路为110kV××变10kV富润555线 |
| 4. 应采取的安全措施（应注明：接地线、绝缘隔板、遮栏、围栏、标示牌等装设位置）<br>无 |
| 5. 附图与说明<br>见图1-1 |

记录人：杨××　　　　勘察日期：2014年03月22日13时

该作业班组的工作票签发人根据现场勘察记录和附图（见图 1-1）签发了带电作业工作票，并组织工作负责人等编写了作业指导书，做好其它相应的工前准备。但在实施作业的当天，由于绝缘斗臂车作业范围限制，作业人员无法到达带电作业区域实施更换断路器的工作，最终取消了作业。

图 1-1　现场勘察附图

## 第二单元　案　例　分　析

带电作业工作没有专门的现场勘察记录单，本案例中现场勘察记录的填写基本完全，但没有结合配电带电作业从装置条件、现场环境和装备条件及作业内容方面进行勘察，记录内容缺乏针对性，在编写工作票和作业指导书时依据不足，另由于工作票签发人和工作负责人责任心不够，导致作业失败。

### 1. 装置条件

配网架空线路带电作业的装置条件是指要掌握导线的排列方式、横担长度、绝缘子高度以及电杆埋深、拉线安装位置及拉线基础等影响带电作业安全距离的因素，此外还要掌握设备的情况。本案例是更换断路器，应了解更换断路器的原因（绝缘性能、机械性能还是触头系统的问题），才能充分判断作业的安全性和必要性，并编制合理的作业方案。更换断路器时，一般情况下将“断路器和电源侧隔离开关均处于断开位置”作为作业的条件之一，但当断路器的操动机构或灭弧室损坏（如 $SF_6$ 断路器气压下降低于警戒值）时，就无法操作断路器，此时必须切除该断路器负荷侧的所有负荷。

### 2. 装备条件

配网架空线路带电作业的装备条件是指采用不同作业方法时可以使用的工器具，如绝缘手套作业法一般可以使用绝缘斗臂车或绝缘平台、绝缘梯等作为承载工具将作业人员送达带电作业区域，并起到导体对地之间的主绝缘保护作用。由于绝缘斗臂车具有良好的机动性和灵活性，因此在城市配电网带电作业中得到广泛应用。通常将带电作业方法和作业中使用的主绝缘工具作为作业的条件。在现场勘察时，应结合装备条件进行勘察，如使用绝缘斗臂车进行作业，对车辆停放位置进行周密的勘察，具体内容包括：①道路的坡度应不大于7°；②地面是否坚实，有无沟道盖板；③有无供绝缘斗臂车车体保护接地的位置；④道路至作业装置的水平距离（用作判断绝缘斗臂车作业范围是否能够到达作业区域）等。

### 3. 环境条件

应考虑作业时，高空落物的范围，绝缘斗臂车绝缘臂升降回转的路径和作业半径等，以便装设围栏和设定作业区域工作人员出入的位置，工器具摆放、检测检查等现场管理的要求，同时要考虑对道路交通的影响等。

### 4. 设备材料

要掌握原设备、导线、金具等的规格型号。

该作业班组在分析了作业失败的原因后，将工作调整到次周的计划中，重新组织现场勘察，最后顺利更换了断路器。第二次勘察记录如表 1-2 所示。

**表 1-2　　更换断路器现场勘察记录（2）**

勘察单位：××供电公司　部门（或班组）：配电带电作业中心　编号：××DD2014-105

勘察负责人：许××　勘察人员：杨××

勘察的线路名称或设备双重命名（多回路应注明双重称号及方位）：110kV××变 10kV 富润 554 线 52 号杆 101 号断路器

工作任务［工作地点（地段）和工作内容］：××路，10kV 富润 554 线 52 号杆，更换 101 号断路器

现场勘察内容：

| 1. 工作地点需要停电的范围<br>断开 10kV 富润 554 线 52 号杆 101 号断路器及电源侧××隔离开关，或断开 10kV 富润 554 线 52 号杆 101 号断路器负荷 10kV 长安开关站进线 01 号断路器 |
|---|

续表

| 2. 保留的带电部位<br>10kV 富润 554 线 52 号杆 1011 隔离开关静触头及引线，电源侧架空线路带电 |
|---|
| 3. 作业现场的条件、环境及其他危险点［应注明：交叉、邻近（同杆塔、并行）电力线路；多电源、自发电情况；地下管网沟道及其他影响施工作业的设施情况］<br>（1）并行电力线路 110kV××变 10kV 富润 555 线 52 号杆与 110kV××变 10kV 富润 554 线 52 号杆之间距离为 4.3m，两回路间边相导线的空间距离约为 2.8m。<br>（2）10kV 富润 554 线 52 号杆 101 断路器型号为 FLW（SPG-12）/630-20；故障类型为绝缘套管老化、有放电痕迹、接头锈蚀发热；1011 号隔离开关型号为 GW9-12。<br>（3）断路器引线为 JKLJ-120。<br>（4）横担∠63mm×6mm×1500mm，导线为三角排列方式。<br>（5）10kV 富润 554 线 52 号杆距离非机动车道的边沿 6.5m，为软土地面（绿化带）；非机动车道宽 3.5m，坡度小于 3° |
| 4. 应采取的安全措施（应注明：接地线、绝缘隔板、遮栏、围栏、标示牌等装设位置）<br>（1）在现场正对 10kV 富润 554 线 52 号杆的非机动车道前后装设围栏，在道路来车方向距作业地点 50m 处放置“前方施工，请慢行”的标志。<br>（2）绝缘斗臂车一侧支腿（绿化带）应用枕木。<br>（3）绝缘斗臂车临时接地体设置在绿化带中 |
| 5. 附图与说明<br>见图 1-1 |

记录人：杨××　　　　勘察日期：2014 年 03 月 27 日 10 时

## 第三单元　相关知识点

### 1. 配网不停电作业现场勘察的作用

由于线路检修、施工和维护等的作业对象大多为户外设备，分布比较广泛、零散，现场情况随时受到气象、地形地貌、外力等影响，作业可行性、安全性等具有较多不确定因素，所以线路施工、检修应进行现场勘察。配网架空线路带电作业涉及停放高架绝缘斗臂车、现场工器具检查等问题，更有必要进行现场勘察。

现场勘察的目的是：根据现场的情况。发现作业中可能出现的危险点，为编制组织措施和技术措施提供依据。对于配电带电作业，现场勘察记录是确定带电作业方法，以及选择合适的施工工具和绝缘保护用具的依据，也是工作票签发人签发带电作业工作票和工作负责人编写现场标准化作业指导书的依据。

现场勘察的组织者是工作票签发人。对于带电作业，由于专业性比较强，对带电作业的环境、工器具要求比较特殊，作业中所需控制的安全距离和控制措施比较复杂，所以还可以由工作负责人组织现场勘察。

### 2. 配网不停电作业勘察的方法

带电作业勘察一般强调“现场”二字，同时也可以从配网 GIS 和 PMS 等管理系统中获取需要的资料。由于配网管理系统存在数据维护不及时的可能性，这两方面的勘察数据应互相印证和互补。例如：2012 年某地市公司带电作业班实施带负荷更换杆上配电变压器工作，从 PMS 系统查得该配电变压器型号为 S9-10/315、接线组别为 Dyn11 后，在制定施工方案前只对现场的地形环境进行了勘察而忽略了确认变压器铭牌参数。在利用移动箱变车实施更换杆上变压器过程中，由于现场杆上配电变压器实际接线组别与系统不一致，打乱了整个工作的进程，临时改变作业方案后才完成工作。

带电作业勘察工作应从系统运行方式、装置条件、现场环境、装备条件以及作业内容等方面开展。主要方法和步骤有：

1）查询配网管理系统，了解系统接线与运行方式，调取设备、装置的基本参数。

2）现场目测，在确定勘察地点后，检查线路的排列方式和导线、构件之间的间距，检查电杆埋深、杆根和拉线等，核对设备、装置参数，检查现场环境。

3）通过红外测温、验电、检流等测量技术进一步判断设备缺陷类型。

由于目前作业分工和工作组织措施的限制，第三个步骤通常在实施带电作业工作的当天现场复勘时进行。

### 3. 绝缘斗臂车作业范围与现场停放位置的确定

现场勘察时，对现场环境的勘察包括道路的坡度、路面的坚实程度、与作业装置之间的距离、有无可供绝缘斗臂车保护接地的位置等。通过观察现场，可大致确定绝缘斗臂车的停放位置，选取合适的作业路径。绝缘斗臂车的作业范围与水平支腿伸出的长度、工作斗载重和起吊载重量有关。以 SN15B 型绝缘斗臂车为例，其作业范围如图 1-2 所示。绝缘斗臂车的前后方向的作业范围较其侧向大，只有当水平支腿伸长到最大限度时作业范围 360°相同。为减少对道路交通的影响，绝缘斗臂车在作业时均顺线路方向停放，为获得最大的作业范围，作业斗臂车的水平支腿在现场停放时一般均应伸长到最大限度。以下举例说明绝缘斗臂车在现场停放的位置要求。

**例 1**：作业内容为绝缘手套作业法搭接跌落式熔断器上引线，单人作业。作业装置为直线分支杆，15m 混凝土电杆，三角形排列单回路绝缘架空线路，镀锌铁横担为∠63mm×6mm×1500mm。本项工作绝缘斗臂车工作斗载重可按 100kg 计算（单人和部分工器具），起吊载重量为 0，作业高度（工作斗底部高度）约为

$$h = H - \left(\frac{H}{10} + 0.7\right) - h' = 15 - \left(\frac{15}{10} + 0.7\right) - 1.5 = 11.3(\mathrm{m})$$

式中：$H$ 为电杆长度；$\left(\frac{H}{10} + 0.7\right)$ 为电杆埋深；$h'$ 为作业人员高度，取 1.5m。

查图 1-2 可得绝缘斗臂车水平支腿伸出长度在最大限度下，作业高度在 11.3m 时的作业半径约为 9.7m（工作斗外沿的铅垂线与绝缘斗臂车中心铅垂线的距离）。将跌落式熔断器引线搭接至架空线路外边相导线时，工作斗处于导线的外侧，考虑到工作斗的长度（1.1m）[1] 和作业人员与导线之间的作业空间（0.4m，此为约数）、铁横担的长度的影响（0.75m），绝缘斗臂车车宽（约 2.0m）等因素，停放绝缘斗臂车时车体靠近电杆一侧（支腿未伸出时）与电杆中心距应不大于

$$9.7 - 1.1 - 0.4 - 0.75 - 1 = 6.45(\mathrm{m})$$

在现场勘察时应进行初步估算绝缘斗臂车的停放位置，并检查绝缘斗臂车停放、支腿支放位置的路面有无沟道等影响车辆稳定的情况。

**例 2**：作业内容为绝缘手套作业法更换柱上断路器，双人作业。作业装置为耐张 π2 杆，15m 混凝土电杆，三角形排列单回路绝缘架空线路，镀锌铁横担长 1500mm。本项工作绝缘斗臂车工作斗载重可按 200kg 计算（单人和部分工器具），起吊载重量为 250kg，作业高度 11.3m。查图 1-2 可得绝缘斗臂车水平支腿伸出长度在最大限度下，作业高度在 11.3m 时的作业半径

[1] 为限制斗内工作人员的活动范围，合理控制作业中的安全距离，以工作斗的短边朝向线路装置。

约为8.5m。停放绝缘斗臂车时车体靠近电杆一侧与电杆中心距应不大于5.25m。

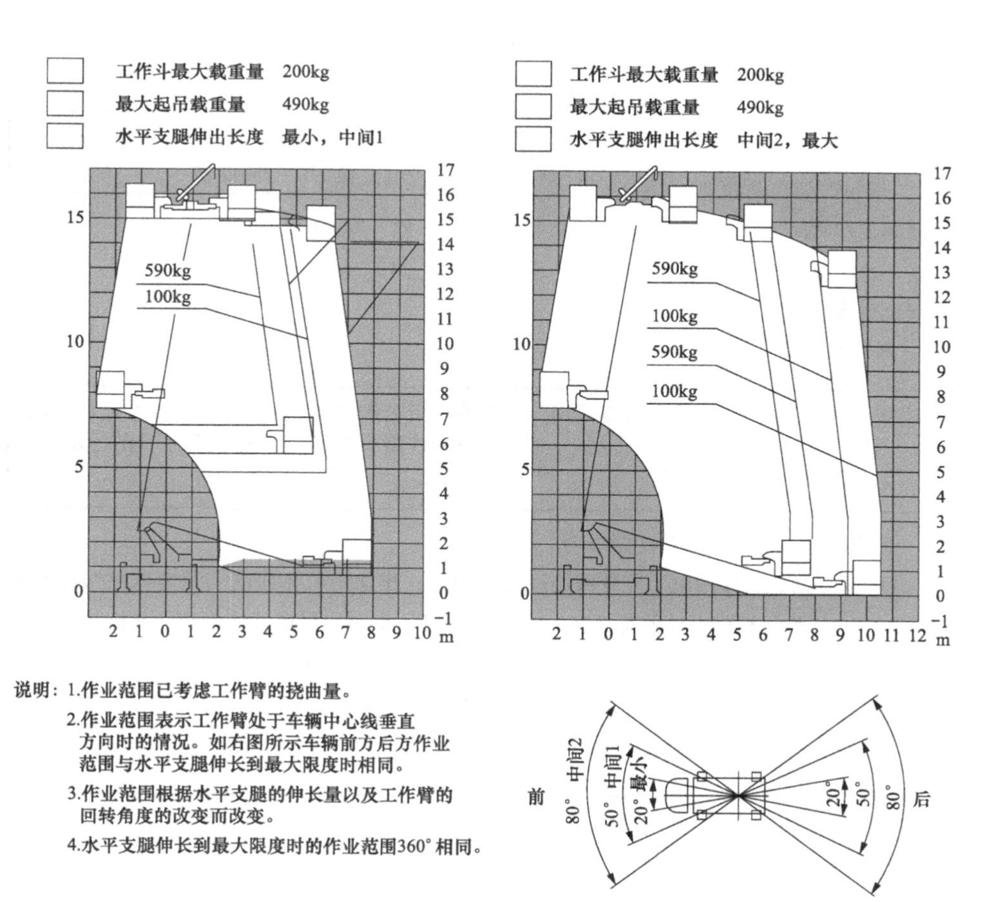


图1-2 SN15B型高架绝缘斗臂车作业范围示意图

# 第二模块 工 作 票

## 第一单元 案 例

以下是某带电作业班组某次采用绝缘手套作业法带电更换柱上断路器的带电作业工作票，该工作票已归档。

**配电带电作业工作票**[1]

单位：××供电公司　　　　　　　编号：DD201404001

1. 工作负责人（监护人）：许××　　　班组：配电带电作业中心

2. 工作班人员（不包括工作负责人）：闵××、邹××、盛××等共 4 人。

3. 工作任务：

| 线路名称或设备双重名称 | 工作地段、范围 | 工作内容 | 专责监护人 |
|---|---|---|---|
| 10kV 富润 554 线 | 52 号杆 | 带电更换 101 号断路器 | 无 |

4. 计划工作时间：自 14 年 4 月 5 日 8 时 30 分

至 14 年 4 月 5 日 10 时 30 分

5. 安全措施

5.1　调控或运维人员应采取的安全措施

| 线路名称或设备双重名称 | 是否需要停用重合闸 | 作业点负荷侧需要停电的线路、设备 | 应装设的安全遮栏（围栏）和悬挂的标示牌 |
|---|---|---|---|
| 10kV 富润 554 线 | √ | 无 | 无 |

5.2　其他危险点预控措施和注意事项

现场围好围栏；斗内电工应穿戴绝缘防护用具；作业中，斗内电工与地电位构件的距离应≥0.4m，与邻相带电体的距离应≥0.6m。距离不够时应采取绝缘遮蔽隔离措施。

工作票签发人签名：杨××　2014 年 4 月 4 日 14 时 0 分

工作负责人签名：许××　2014 年 4 月 4 日 14 时 5 分

6. 确认本工作票 1～5 项正确完备，许可工作开始

| 许可的线路或设备 | 许可方式 | 工作许可人 | 工作负责人签名 | 许可工作的时间 |
|---|---|---|---|---|
| 10kV 富润 554 线 | 电话 | 钟×× | 许×× | 2014 年 04 月 05 日 08 时 40 分 |
| | | | | 年 月 日 时 分 |

7. 现场补充的安全措施

8. 现场交底，工作班成员确认工作负责人布置的任务、人员分工、安全措施和注意事项并签名：

闵××　邹××　盛××

[1] 本工作票格式参照《国家电网公司电力安全工作规程（配电部分）（试行）》的附录 D。下文如出现安规，即指本规程。

9. 工作终结

9.1 工作班人员已全部撤离现场，工具、材料已清理完毕，杆塔、设备上无遗留物。

9.2 工作终结报告

| 终结的线路或设备 | 报告方式 | 工作许可人 | 工作负责人签名 | 总结报告时间 |
|---|---|---|---|---|
| 10kV 富润 554 线 | 电弧 | 钟×× | 许×× | 2014 年 04 月 05 日 10 时 40 分 |
| | | | | 年 月 日 时 分 |

10. 备注

## 第二单元 案 例 分 析

本案例工作票填写有诸多错误、遗漏以及填写不规范的地方。

（1）第 2 项：工作班人员数量错误。工作班成员不包括工作负责人，应为 3 人。

（2）第 3 项：工作内容不够具体，没有交代清楚作业。

（3）第 4 项：计划工作时间、工作票签发日期等表示年份、月份、日期、小时和分钟填写不够完整，如 14 年应为 2014 年、5 日应为 05 日、8 时应为 08 时，以避免日后可能篡改。

（4）第 5.1 项：本项工作任务是不带负荷更换柱上断路器，因此作业的条件之一是开关应处于分闸位置，因此运维人员应提前将 10kV 富润 554 线 52 号杆 101 号断路器拉开。

（5）第 5.2 项：没有结合现场勘察所获得的信息来填写注意事项。

（6）第 7 项、第 14 项：填写不完整有空白，在空白处应填写“无”。

（7）第 9.2 项：工作终结时间超出计划工作时间范围。

（8）没有“合格”“已执行”等签章。

一张合格的已完成并归档的配电带电作业工作票如下：

**配电带电作业工作票**

合格

单位：××供电公司　　　　编号：DD201404001

1. 工作负责人（监护人）：许××　　　　班组：配电带电作业中心

2. 工作班人员（不包括工作负责人）：闵××、邹××、盛××　　　　共 3 人。

3. 工作任务

| 线路名称或设备双重名称 | 工作地段、范围 | 工作内容 | 专责监护人 |
|---|---|---|---|
| 10kV 富润 554 线 | 52 号杆 | 绝缘斗臂车绝缘手套作业法带电更换 101 号断路器 | 无 |

4. 计划工作时间：自 2014 年 04 月 05 日 08 时 30 分

至 2014 年 04 月 05 日 10 时 30 分

5. 安全措施

5.1 调控或运维人员应采取的安全措施

| 线路名称或设备双重名称 | 是否需要停用重合闸 | 作业点负荷侧需要停电的线路、设备 | 应装设的安全遮栏（围栏）和悬挂的标示牌 |
|---|---|---|---|
| 10kV 富润 554 线 | √ | 101 号断路器 | 无 |

5.2 其它危险点预控措施和注意事项

现场围好围栏；斗内电工应穿戴绝缘防护用具；作业中，斗内电工与地电位构件的距离应≥0.4m，与邻相带电体的距离应≥0.6m。距离不够时应采取绝缘遮蔽隔离措施。绝缘斗臂车支腿应使用枕木。

绝缘斗臂车应整车接地。

工作票签发人签名：杨×× 2014 年 04 月 04 日 14 时 00 分

工作负责人签名：许×× 2014 年 04 月 04 日 14 时 05 分

6. 确认本工作票 1～5 项正确完备，许可工作开始

| 许可的线路或设备 | 许可方式 | 工作许可人 | 工作负责人签名 | 许可工作的时间 |
|---|---|---|---|---|
| 10kV 富润 554 线 | 电话 | 钟×× | 许×× | 2014 年 04 月 05 日 08 时 40 分 |
| | | | | 年 月 日 时 分 |

7. 现场补充的安全措施

无

8. 现场交底，工作班成员确认工作负责人布置的任务、人员分工、安全措施和注意事项并签名：

1 号电工：闵××；2 号电工：邹××；地面电工：盛××

9. 工作终结

9.1 工作班人员已全部撤离现场，工具、材料已清理完毕，杆塔、设备上无遗留物。

9.2 工作终结报告

| 终结的线路或设备 | 报告方式 | 工作许可人 | 工作负责人签名 | 总结报告时间 |
|---|---|---|---|---|
| 10kV 富润 554 线 | 电话 | 钟×× | 许×× | 2014 年 04 月 05 日 10 时 25 分 |
| | | | | 年 月 日 时 分 |

10. 备注

无

## 第三单元 相关知识点

### 1. 多项作业任务共用一张配电带电作业工作票

安规规定，“对同一电压等级、同类型、相同安全措施且依次进行的数条配电线路上的带电作业，可使用一张配电带电作业工作票”。目前配电带电作业作为配网状态检修的重要技术手段，如临近带电体作业使用绝缘树枝剪或链锯修剪树枝、绝缘杆作业法取风筝、捅鸟窝、除马蜂窝等工作。在处理这些缺陷时，通常会采用多个地点实施的工作共用一张配电带电作业工作票的方式。在实际工作中，以下两种情况会影响工作转移过程的组织：

（1）一条配电线路上的同类型、相同安全措施且依次进行的带电作业。由于停用线路重合闸是一次性的，在工作地点转移时不需要再分别办理许可手续。可在第一个工作地点现场联系值班调控人员或运维人员，进行工作许可；在最后一个工作地点现场联系值班调控人员或运维人员，终结工作。

（2）数条配电线路上的同类型、相同安全措施且依次进行的带电作业。如一次性停用所有作业线路的重合闸，等所有工作完成再一次性投入各条线路重合闸装置。这样整个时间段较长，将影响线路运行的可靠性。因此，每次转移均应分别履行工作许可、终结手续，依次记录在工作票上。

无论哪种情况，工作负责人在转移工作地点时，应根据工作班成员身体状况和精神状态重新分割，并再次逐一交代安全措施和注意事项。现场工作交底后，由工作班成员确认，并依次签名，记录在工作票上。

### 2. 配电工作任务单的使用

在综合性配网不停电作业项目 10kV 架空线路旁路作业中，虽然不涉及多专业、多班组，但工作内容不再局限在一个作业点，如一档线路、一基电杆上，如图 1-3 所示。为有效组织现场工作，明确个人工作任务和安全责任，除指定工作负责人外，还需由工作负责人指定小组负责人组织和监护各个作业点的工作。现场作业时，工作负责人持有带电作业工作票，小组负责人则持有工作负责人或工作票签发人签发的工作任务单。

工作任务单应一式两份，由工作负责人许可，一份由工作负责人留存，另一份交小组负责人。工作结束后，由小组负责人向工作负责人办理工作结束手续。

工作票上所列的安全措施应包括所有工作任务单上所列的安全措施。工作票的工作班成员栏可只填写工作任务单的小组负责人姓名，工作任务单上应填写本小组人员姓名。

图 1-3　架空线路旁路作业现场照片

### 3. 配电故障紧急抢修单的使用

配电带电作业抢修工作可以使用配电故障紧急抢修单。《国家电网公司电力安全工作规程（配电部分）（试行）》规定"配电线路、设备故障紧急处理应使用工作票或配电故障紧急抢修单。所谓配电线路、设备故障紧急处理，系指配电线路、设备发生故障被迫紧急停止运行，需短时间恢复供电或排除故障的、连续进行的故障修复工作。需要采用配电故障紧急抢修单来处理的设备故障、紧急缺陷消缺工作一般需要同时具备以下条件：

（1）需短时间恢复设备正常运行状态，并且没有充裕的时间组织现场勘察和编制现场作业指导书的；

（2）未能列入工作计划的；

（3）采用带电作业方式在处理时间和社会、经济效益方面明显优于停电作业方式。

但是，使用配电故障紧急抢修单进行带电抢修工作，必须在作业前制定详细的方案，充分预想作业中可能出现的各种危险点并制定相应的控制措施。出工前，应尽量准备好所需的各种工器具和材料。

# 第三模块　施工方案与现场标准化作业指导书

## 第一单元　案　　例

2012年，国家电网公司选择了9家省公司试点10kV电缆不停电作业工作，以下是某试点单位开展更换两环网柜之间环网柜工作时所用的施工方案。

### 一、工程概况

1. 作业内容

更换10kV米油二线万奇分支1H环网柜。

2. 作业现场

10kV米油二线属于以电缆线路为主的混合线路，其万奇分支为全电缆线路，电缆型号YJV3×240，长度1.4km，配电变压器9台，容量2270kVA。10kV米油二线万奇分支有环网柜4台、电缆分支箱5台、电缆分支开关1台。其中1H环网柜为空气绝缘，老化严重。万奇分支地处富康西路，电缆为电缆沟敷设方式。施工方案平面图如图1-4所示。

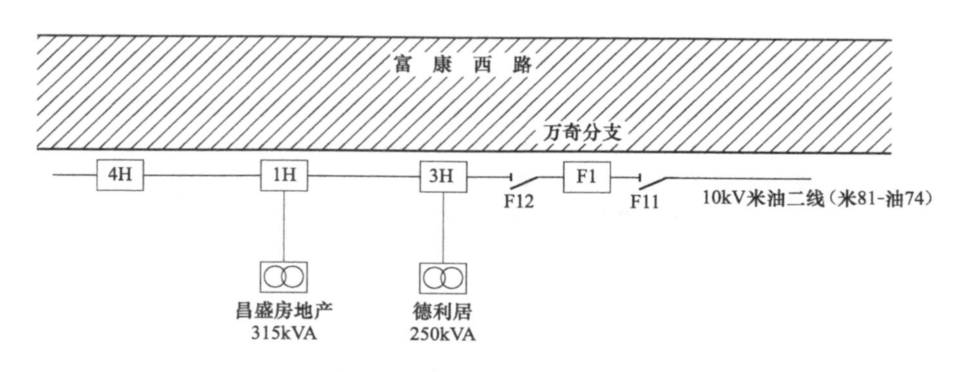


图1-4　平面图（局部）

### 二、施工组织体系

现场总负责：王××，电话×××××××××××。

1. 技术组

1）安全负责人：关××，电话×××××××××××。

2）技术负责人：尹××，电话×××××××××××。

2. 综合保障组

为了保证此工程的安全实施，成立综合保障组，分工如下：

1）物资负责人：王××，电话×××××××××××。

2）后勤负责人：庄××，电话×××××××××××。

3）交通协调人：肖××，电话×××××××××××。

3. 工作小组

施工现场工作小组工作内容详见表1-3。按照电缆不停电作业技术要求，并结合设备管理和工作岗位职责的实际情况，参加工作的人员分成3个小组。每个小组设1个负责人，由总工作负责人统一组织调度工作的流程，并组织验收每个阶段的工作质量。

**表1-3　　施工现场工作小组工作内容**

| 序号 | 工作小组名称 | 工作内容 | 负责人 | 小组成员 |
| --- | --- | --- | --- | --- |
| 1 | 旁路系统组建组 | 负责旁路柔性电缆的敷设和回收，负责移动箱式变电站（简称移动箱变）临时取电回路的组建和设备回收，负荷电流的监测等，并负责现场旁路回路组建后的绝缘电阻试验 | 杜××<br>电话： | |
| 2 | 运行操作组 | 负责旁路回路由检修改运行、待检修环网柜（即10kV米油二线万奇分支1H环网柜）由运行改检修；环网柜检修后由检修改运行、旁路回路由运行改检修的倒闸操作，以及移动箱变临时取电回路的投入和退出、昌盛房地产315kVA配电变压器高低压开关的操作等 | 张××<br>电话： | |
| 3 | 检修组 | 负责10kV米油二线万奇分支3H、4H环网柜备用间隔3HF3、4HF4旁路电缆的接入和撤出，10kV米油二线万奇分支1H环网柜的更换工作 | 邓××<br>电话： | |

## 三、施工方法及作业流程

### （一）施工方法

10kV米油二线万奇分支3H、4H环网柜的开关为负荷开关，均有备用间隔（3HF3、4HF4）。万奇分支总容量为2270kVA，最大负荷电流为131A，小于旁路柔性电缆、旁路负荷开关和旁路连接器等组成的旁路系统200A的载流能力。因此，决定采用电缆旁路作业，作业区段有1台配电变压器（昌盛房地产315kVA），为保证用户不停电采取移动箱变（400kVA）进行临时转供。

为正确编写相关技术文件和现场组织工作，旁路系统命名为10kV旁路线，移动箱变高压侧开关名为PL1，低压侧开关命名为PL2。

### （二）作业流程

作业实施过程分成5个阶段，分别为：

第1阶段：获得工作许可后，布置工作现场、组建万奇分支1H环网柜旁路系统和"昌盛房地产"箱变低压侧临时取电回路，并进行绝缘测试。

第2阶段：通过倒闸操作停用"昌盛房地产"箱变后，将旁路系统和临时取电回路接入系统设备（3H、4H环网柜备用间隔3HF3、4HF4和"昌盛房地产"箱变低压侧开关负荷侧桩头）后，通过倒闸操作将供电负荷从环网柜1H转移至旁路系统和移动箱变临时取电回路。

第3阶段：更换1H环网柜。

第4阶段：通过倒闸操作将供电负荷从旁路系统转移至环网柜1H，通过倒闸操作停用移动箱变后从"昌盛房地产"箱变低压侧开关负荷侧桩头拆除低压旁路柔性电缆，通过倒闸操作恢复"昌盛房地产"箱变正常供电。

第5阶段：回收旁路系统和临时取电回路设备，清理现场收工。

整个作业过程见图1-5，作业定置见图1-6。

## 四、组织措施

为提高工作效率和减少工作阶段交接环节带来的差错，本次作业从专业角度和工作票制度以及施工票作业内容，如箱变高低压开关的操作按照一个操作任务归并了操作票内容。本次施工填写配电第一种工作票3份（见表1-4～表1-6）、配电第二种工作票1份（见表1-7）、施工作业票2份（见表1-8和表1-9）、配电倒闸操作票6份。工作内容和人员分工详见相应的施工票、工作票或操作票。

### （一）配电第一种工作票

1）工作任务：10kV旁路线终端接入10kV米油二线万奇分支3HF3、4HF3备用间隔、移动箱变低压柔性电缆接入10kV米油二线万奇分支"昌盛房地产"315kVA箱变低压侧开关负荷侧桩头。

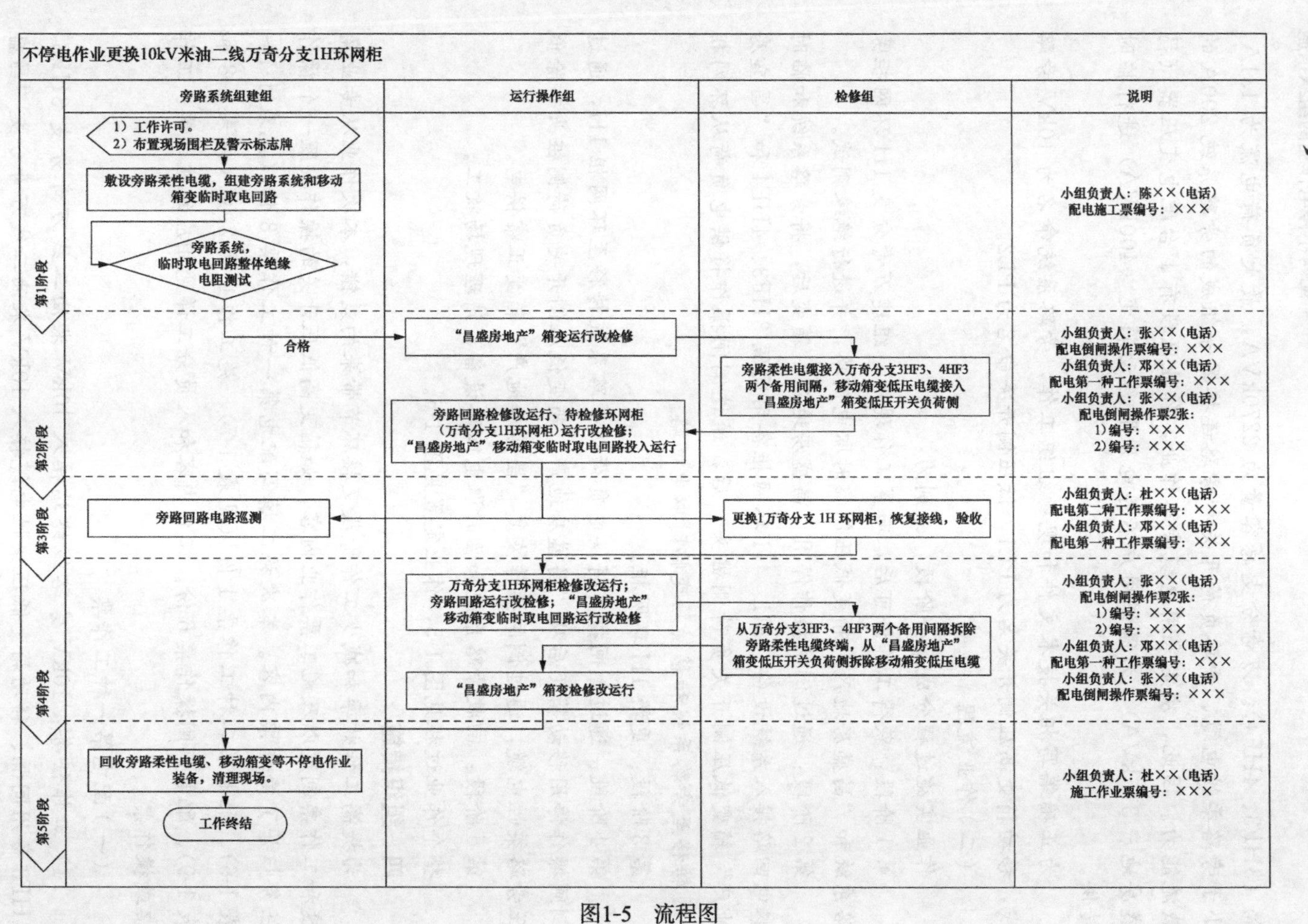

不停电作业更换10kV米油二线万奇分支1H环网柜
旁路系统组建组
运行操作组
检修组
说明
第1阶段
1）工作许可。
2）布置现场围栏及警示标志牌
敷设旁路柔性电缆，组建旁路系统和移动箱变临时取电回路
旁路系统，临时取电回路整体绝缘电阻测试
小组负责人：陈××（电话）
配电施工票编号：×××
第2阶段
合格
“昌盛房地产”箱变运行改检修
旁路柔性电缆接入万奇分支3HF3、4HF3两个备用间隔，移动箱变低压电缆接入“昌盛房地产”箱变低压开关负荷侧
旁路回路检修改运行、待检修环网柜（万奇分支1H环网柜）运行改检修；“昌盛房地产”移动箱变临时取电回路投入运行
小组负责人：张××（电话）
配电倒闸操作票编号：×××
小组负责人：邓××（电话）
配电第一种工作票编号：×××
小组负责人：张××（电话）
配电倒闸操作票2张：
1）编号：×××
2）编号：×××
第3阶段
旁路回路电路巡测
更换1万奇分支 1H 环网柜，恢复接线，验收
小组负责人：杜××（电话）
配电第二种工作票编号：×××
小组负责人：邓××（电话）
配电第一种工作票编号：×××
第4阶段
万奇分支1H环网柜检修改运行；旁路回路运行改检修；“昌盛房地产”移动箱变临时取电回路运行改检修
从万奇分支3HF3、4HF3两个备用间隔拆除旁路柔性电缆终端，从“昌盛房地产”箱变低压开关负荷侧拆除移动箱变低压电缆
“昌盛房地产”箱变检修改运行
小组负责人：张××（电话）
配电倒闸操作票2张：
1）编号：×××
2）编号：×××
小组负责人：邓××（电话）
配电第一种工作票编号：×××
小组负责人：张××（电话）
配电倒闸操作票编号：×××
第5阶段
回收旁路柔性电缆、移动箱变等不停电作业装备，清理现场。
工作终结
小组负责人：杜××（电话）
施工作业票编号：×××


图1-5　流程图

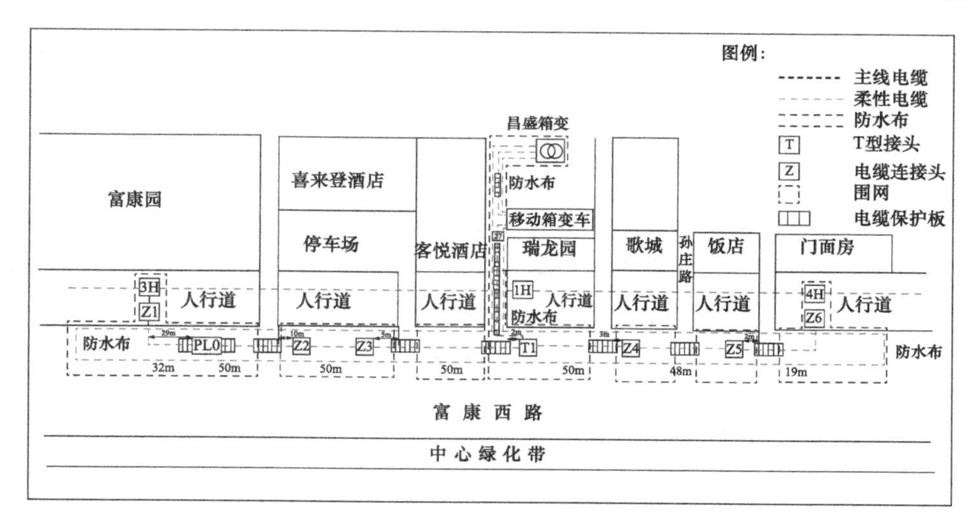


图 1-6　现场定置图

**表 1-4　　　　配电第一种工作票（一）**

| 工作小组 | 检修组 | 工作负责人 | 杜×× |
|---|---|---|---|
| 停电范围 | 1）10kV 米油二线万奇分支 3HF3 备用间隔。<br>2）10kV 米油二线万奇分支 4HF3 备用间隔。<br>3）10kV 米油二线万奇分支“昌盛房地产”315kVA 箱变高压负荷开关及以下 | | |
| 停电时间 | 2012 年 08 月 18 日 17：30～19：00 | | |
| 现场安全措施 | 高压接地线 3 副：<br>1）1 号高压接地线：万奇分支 3HF37 接地刀闸。<br>2）2 号高压接地线：万奇分支 4HF37 接地刀闸。<br>3）3 号高压接地线：“昌盛房地产”箱变高压负荷开关接地刀闸。<br>低压接地线 2 副：<br>1）1 号低压接地线：“昌盛房地产”箱变低压母排。<br>2）2 号低压接地线：移动箱变低压母排 | | |

2）工作任务：更换 10kV 米油二线万奇分支 1H 环网柜。

**表 1-5　　　　配电第一种工作票（二）**

| 工作小组 | 检修组 | 工作负责人 | 邓×× |
|---|---|---|---|
| 停电范围 | 1）10kV 米油二线万奇分支（3HZ2-4HZ1）线路。<br>2）1H 环网柜 | | |
| 停电时间 | 2012 年 08 月 18 日 20：00～2012 年 08 月 19 日 6：00 | | |

续表

| | |
|---|---|
| 现场安全措施 | 高压接地线 3 副：<br>1）1 号高压接地线：万奇分支 3HZ27 接地刀闸。<br>2）2 号高压接地线：万奇分支 4HZ17 接地刀闸。<br>3）3 号高压接地线："昌盛房地产"箱变高压进线侧 |

3）工作任务：从 10kV 米油二线万奇分支 3HF3、4HF3 备用间隔撤除 10kV 旁路线终端；从 10kV 米油二线万奇分支"昌盛房地产"315kVA 箱变低压侧开关的负荷侧桩头撤除移动箱变低压柔性电缆。

表 1-6　　配电第一种工作票（三）

| 工作小组 | 检修小组 | 工作负责人 | 杜×× |
|---|---|---|---|
| 停电范围 | 1）10kV 米油二线万奇分支"昌盛房地产"315kVA 箱变高压负荷开关及以下。<br>2）10kV 米油二线万奇分支移动箱变 PL1 开关及以下。<br>3）10kV 旁路线（即 10kV 米油二线万奇分支 3HF3 备用间隔、10kV 米油二线万奇分支 4HF3 备用间隔） | | |
| 停电时间 | 2012 年 08 月 19 日 6：30～7：30 | | |
| 现场安全措施 | 高压接地线 3 副：<br>1）1 号高压接地线：万奇分支 3HF3 备用间隔接地刀闸。<br>2）2 号高压接地线：万奇分支 4HF3 备用间隔接地刀闸。<br>3）3 号高压接地线："昌盛房地产"箱变高压负荷开关接地刀闸。<br>低压接地线为 2 副：<br>1）1 号低压接地线："昌盛房地产"箱变低压母排。<br>2）2 号低压接地线：移动箱变低压母排 | | |

（二）配电第二种工作票

工作任务：旁路线巡视和电流监测。

表 1-7　　配电第二种工作票

| 工作小组 | 旁路系统组建组 | 工作负责人 | 杜×× |
|---|---|---|---|
| 工作时间 | 2012 年 08 月 18 日 20：00～2012 年 08 月 19 日 6：00 | | |

（三）施工作业票

1）工作任务：敷设组建 10kV 旁路线、移动箱变临时取电回路；旁路系统试验。

表 1-8　　施工作业票（一）

| 工作小组 | 旁路系统组建组 | 工作负责人 | 杜×× |
|---|---|---|---|
| 工作时间 | 2012 年 08 月 18 日 14：00～2012 年 08 月 18 日 17：30 | | |

2）工作任务：回收 10kV 旁路线、移动箱变临时取电回路装备。

表 1-9　　施工作业票（二）

| 工作小组 | 旁路系统组建组 | 工作负责人 | 杜×× |
|---|---|---|---|
| 工作时间 | 2012 年 08 月 19 日 8：00～2012 年 08 月 19 日 9：00 | | |

（四）配电倒闸操作票

1）操作任务：10kV 旁路线检修改运行、10kV 米油二线 1H 环网柜运行改检修。

2）操作任务：10kV 米油二线 1H 环网柜检修改运行、10kV 旁路线运行改检修。

3）操作任务：移动箱变送电操作。

4）操作任务：移动箱变停电操作。

5）操作任务："昌盛房地产"箱变停电操作。

6）操作任务："昌盛房地产"箱变送电操作。

## 第二单元　案例分析

此案例所针对的工作是一项涉及多专业的工作，需要多班组协同作业。这就需要分解作业内容，明晰各班组的责任，并梳理班组工作界面，从而可以使项目负责人高效地进行现场组织工作，杜绝工作中可能出现的危险因素。该施工方案结构合理、内容翔实，包括工程概况、施工组织体系、施工方法及作业流程、组织措施等内容。"工程概况"部分结合现场平面图，准确描述了现场环境、线路走向、电缆的布置方式和设备配置情况。"施工组织体系"明确了保证此项工作成功的技术、后勤保障等的责任人和联系方式，便于整项工作的有效协调。"施工方法和作业流程"分析了作业的条件和作业流程，特别是作业流程图采用了跨职能部门流程图，明确了各个作业班组之间的工作界面、工作负责人和联系方式、作业时使用的工作票等，使整项工作始终处于可控、能控和在控状态。"组织措施"整理了工作所需的工作票和操作票等，避免工作中可能出现组织措施不完善的情况。这些都为作业成功打下坚实的基础。

## 第三单元　相关知识点

### 1. 现场标准化作业指导书的作用

编制现场标准化作业指导书是为了对每一项作业按照全过程控制的要求，

对现场作业过程中如计划、准备、实施、总结各个环节，明确具体的方法、步骤、措施、标准和人员责任，按照电力生产有关法律法规、技术标准、规程规定的要求，进行细化、量化和标准化，以保证作业过程始终处于可控、在控状态。现场标准化作业指导书编制的内容包括使用范围、引用文件、检修工作前的准备工作、流程图、作业程序和工艺标准、验收记录、作业指导书执行情况评估和附录 9 项内容。

**2. 施工方案的作用**

编制施工方案的目的是：保证施工中的技术可行、施工工艺先进、总进度满足合同工期要求；保证工程安全、文明施工；保证施工机具、材料、设备在时间上的协调，使资源供应计划与施工总进度一致。对设备年检、预试和单一设备常规性计划检修，如果有标准化作业指导书，可以不编制施工方案；一般性消缺和维护工作如果有危险点分析与预控措施卡，也可以不编制施工方案。施工方案的编制包括编制依据及执行的技术规范、工程概况、施工方法及作业流程、施工组织体系、安全保证措施、技术保证措施、质量保证措施、文明施工保证措施、工程进度计划、危险点（危险源）及预控安全措施 10 项内容。根据配网不停电作业的特点，施工方案的主要内容可以简化为工程概况、施工方法及作业流程、施工组织体系、组织措施等。

**3. 现场标准化作业指导书和施工方案的正确使用**

施工方案和现场标准化作业指导书既有一致性，又有一定的区别。施工方案较为宏观，现场标准化作业指导书应具体细致。当多作业点或多电压等级的配网不停电作业项目涉及多专业、多班组协同作业，设备、时间需要统筹协调的，如不停电更换柱上变压器、架空线路旁路作业、更换两环网柜间电缆线路或设备、临时取电等项目，应使用施工方案。施工方案应由施工单位项目负责人（现场总指挥）负责组织各专业班组按专业分类编写并审核；由不同专业班组小组负责人编写现场标准化作业指导书。单一设备或架空线路装置的带电作业检修不需编制施工方案，只使用由作业班组班组长组织编写并审核的现场标准化作业指导书即可。

# 第二章

# 配网不停电作业的技术措施

## 第一模块　停用线路重合闸

### 第一单元　案　　例

2013年4月，某省电力公司为规范并推动配电带电作业工作，组织对全省第一季度的配网带电作业工作进行互查。检查的内容包括工作票、班组长日志、工器具台账及出入库记录、配电调度工作日志等。停用线路重合闸装置的情况统计如下：

（1）没有停用线路重合闸装置。某地市供电公司带电作业班1～3月，共开展带电作业74次，作业方法均为绝缘斗臂车绝缘手套作业法，工作内容主要有修剪树枝、取异物、断接引线等。所有带电作业工作票均要求停用作业线路自动重合闸装置，但配网调度记录只查实4次，即有70次作业均没有停用架空线路重合闸装置。

（2）约时停用线路重合闸装置。某市区供电公司配网调度日志中有多次线路重合闸装置的停用时间和恢复时间与配网带电作业工作票的计划工作时间相一致。另在数条线路上，相同工作内容、相同安全措施依次进行的数次作业共用一张配网带电作业工作票时，都采用一次性停用和恢复相关线路重合闸装置方式，没有执行工作间断和转移制度。

（3）不加区别全部停用线路重合闸装置。某区供电公司带电作业班1～3月共开展了103次带电作业工作，其中89次采用绝缘斗臂车绝缘手套作业法，14次采用脚扣登杆绝缘杆作业法。所有工作都停用了作业线路的自动重合闸装置。

（4）多回路同杆架设线路，在其中一回线路上实施带电作业，少停用线路的重合闸装置。某地市供电公司带电作业班较好地根据规程执行了停用线路自动重合闸的要求，1～3月共开展227次带电作业工作，其中绝缘斗臂车绝缘手套作业法作业211次。由于该地市城网的配电线路通道较为紧张，约72%的架空线路都是同杆架设的双回路线路。涉及双回路架空线路的带电作业的工作票和配电调度日志中均反映出一个问题，即只停用了作业线路的自动重合闸装置。

## 第二单元 案例分析

案例反映出的问题是因为对配网带电作业停用线路自动重合闸的意义理解不够，虽然没有产生影响人身安全的现象，但也应引起重视并加以改正。以下对案例中的四种情况进行简单剖析。

（1）侧重于电网运行安全，忽视人身安全。目前多数110kV或35kV变电站采用无人值班的运行管理方式，虽然实现了遥控、遥信和遥调，但某些较为陈旧和偏远的变电站线路自动重合闸装置的投入和退出需要就地操作，带电作业停用重合闸的技术要求增加了配网调度和运维的工作量。在当前高供电可靠性要求的情况下，退出线路重合闸也有一定的影响。但某些单位领导抱有侥幸心理，认为带电作业过程中发生触电或产生操作过电压的概率基本可以忽略，因此没有落实停用线路自动重合闸这一安全技术措施。

（2）忽视现场实际工作时间与计划时间之间的差异性。很多单位考虑现场工作时间的不确定性，以及避免违反安规“带电作业工作不得延期”的规定，往往将计划工作时间写成“×年×月×日08时30分至×年×月×日17时00分”，而实际作业时间只是这个计划时间范围内短短的一小时。某些单位带电作业工作票内的计划工作时间较短，如“×年×月×日08时30分至×年×月×日10时00分”，但由于途中车辆行驶、配合单位工作完成情况等因素，实际开工和结束时间可能晚于计划工作时间。约时停用线路自动重合闸装置降低了系统运行可靠性，给作业人员带来安全风险。

（3）侧重人身安全，忽视电网运行安全。不加区别地全部停用作业线路自动重合闸装置虽然反映出对带电作业人员安全的重视，但工作显得简单化。采用绝缘杆作业法作业时，作业人员通过操作杆间接接触带电设备，即使有可能造成单相接地，但由于10kV系统中性点以不接地或消弧线圈接地运行方式为主，引发作业事故的概率远小于绝缘手套作业法，线路不会跳闸，因此没有必要退出重合闸装置。当然，退出重合闸装置可以避免由于线路设备自身原因短路跳闸并自动重合产生的操作过电压，对人员安全有保护作用。需要说明的是，20kV系统中性点为小接地电阻接地，发生单相接地时线路会自动跳闸，因此，为保证带电作业安全，需要停用作业线路的自动重合闸装置。

（4）在多回路同杆架设的线路上工作，采用绝缘手套作业法实施作业时，作业人员极有可能处于两回路之间的空间位置。非作业线路与作业线路之间存在相间短路的可能，同时非作业线路上的断路器动作引起的过电压同样会危及作业人员的安全，因此有必要停用非作业线路的自动重合闸装置。同理，在环形网络联络断路器处进行绝缘手套作业法作业时，应同时停用两侧架空线路的自动重合闸装置。

## 第三单元 相关知识点

### 1. 配网带电作业停用重合闸的意义

配网带电作业过程中，既有因带电作业人员自身因素引起的作业点短路，如作业中绝缘遮蔽、隔离措施的实效性、严密性、正确性，以及带电作业人员的作业习惯对安全距离的控制能力等，也有因非作业点外力破坏、设备绝缘老化击穿等因素引起的架空线路断路器（重合器）跳闸。如果没有停用线路的自动重合闸装置，在第一种情况下，由于断路器从跳闸到重合的间隔时间非常短（0.5～0.6s），触电的作业人员根本无法脱离导体，将导致二次伤害。即使在第二种情况下，重合闸产生的操作过电压（按照合空线过电压考虑一般不超过 $3U_0$）虽然小于按照惯用法计算确定的过电压水平（35kV 及以下取 $4U_0$，过电压水平是确定配电架空线路带电作业安全距离的主要依据），但对作业点带电作业人员的安全还是具有一定的威胁。停用线路重合闸装置及现场工作结束后如不及时恢复重合闸将会影响线路运行的可靠性，因此配网带电作业应根据作业方法、作业装置结构特点、工作人员技术技能水平等合理停用线路重合闸。

### 2. 自动重合闸装置的定义以及具有重合功能的开关设备

自动重合闸装置是广泛应用在架空输电线路和架空配电线路上的出线断路器上，在断路器因线路故障自动断开后能自动再次合闸的自动装置。架空线路超过 90%的故障都是“瞬时性”故障，因此在断路器断开故障后，故障点处的电弧将自动熄灭，绝缘水平自动恢复，断路器在整定的时间内自动合闸后能恢复线路运行。配电架空线路自动重合闸的主要作用有：①提高供电可靠性（断路器因故障跳闸自动重合成功的不计停电次数），减少线路停电次数；②可以纠正由于断路器本身机构不良或继电保护误动而引起的误跳闸。

自动重合闸装置装设在变电站架空出线出口位置的断路器上。馈线自动化线路首端可用重合器来代替断路器，分支线用具有重合功能的断路器或跌落式熔断器[❶]来控制。断路器的短路开断能力较强，其自动重合闸装置一般只有1次重合功能，从跳闸到重合的整定时间为0.5～0.6s。在重合不成功的情况下，间隔30s后可人工强送1次。如果强送不成功，则判断为永久性故障。此时需要派出运维人员去巡线，找出故障点并操作线路分段断路器隔离故障点后，再合上断路器恢复前段线路的供电。重合器与断路器相比，开断短路电流的能力虽然较弱，但重合次数可达3～4次，在与线路分段器的配合下，能快速有效地自动隔离永久故障区段并恢复前段线路的供电，从而提高供电可靠性。

电缆线路上发生的故障以永久性故障为主，所以不装设自动重合闸装置。

### 3. 配电带电作业停用线路重合闸的情况

安规规定，中性点有效接地系统中有可能引起单相接地的、中性点非有效接地系统中有可能引起相间短路的，以及工作票签发人或工作负责人认为需要停用重合闸的带电作业应停用重合闸，并不得强送电。

电缆线路的绝缘以固体绝缘为主，为非自恢复绝缘，故障发展迅速，且以永久性故障为主。发生故障（包括单相接地）时继电保护装置应快速准确地断开断路器。为保证继电保护装置动作的准确性和灵敏性，以10～20kV电缆线路为主的城市中压配电系统的中性点应采用经低阻抗接地。发生单相接地故障时，10kV中压配电系统单相接地电流被控制在600～1000A，因此也称为有效接地系统。

架空线路的绝缘以空气绝缘为主，为自恢复绝缘。在交变的单相接地电流过零时电弧熄灭，接地点处的空气绝缘同时恢复。为减弱电弧高温和电弧重燃过电压的影响，以架空线路为主的中压城、农网配电系统的中性点应采用不接地或经消弧线圈接地的方式。10kV中性点不接地系统，其单相接地电流不超过30A；经消弧线圈接地系统，其单相接地电流不超过10A，因此也称为非有效接地系统。非有效接地系统发生单相接地时可继续运行2h，有效提高了供电可靠性。但由于非接地相对地电压从原来的相电压升高至线电压，绝缘水平较为薄弱的地方对地击穿后会造成两相接地短路，因此在2h内必须找出接地点并消除缺陷。

通过以上的分析，中性点有效接地系统发生单相接地时，断路器立刻跳

---

❶ 如RW3—10Z具有单次重合功能，有两根熔件管，平时只有一根接通工作。当这根熔件管断开后，约在0.3s以内另一根熔件管借助于重合机构自动重合以恢复供电。

闸，而中性点非有效接地系统发生相间（两相或三相）短路时才会跳闸。由于带电作业人员技术动作不到位或防护措施不严密引起单相接地或相间短路事故，断路器重合闸产生操作过电压会进一步危及作业人员的安全。

### 4. 降低操作过电压对作业安全影响的规定

带电作业除了合理停用架空线路重合闸装置，避免重合闸过电压给作业安全带来影响外，安规还作了以下规定，以避免操作过电压影响作业安全。

（1）在带电作业过程中，若线路突然停电，作业人员应视线路仍然带电。工作负责人应尽快与调度控制中心或设备运维管理单位联系，值班调控人员或运维人员未与工作负责人取得联系前不得强送电。此时虽然线路停电，但由于没有落实安全措施即验电、挂设接地线，仍属于热备用状态，应考虑突然来电的可能，因此应视作仍然带电。同理，实际工作中如在热备用或冷备用线路上工作，也应视线路带电，严格按照带电作业方式来处理。

（2）在带电作业过程中，工作负责人发现或获知相关设备发生故障，应立即停止工作、撤离人员，并立即与值班调控人员或运维人员取得联系。值班调控人员或运维人员发现相关设备故障，应立即通知工作负责人。

（3）带电作业期间，与作业线路有联系的馈线需进行倒闸操作的，应征得工作负责人的同意，并待带电作业人员撤离带电部位方可进行。

### 5. 馈线自动化线路停用分段器自动合闸功能对带电作业安全的意义

馈线自动化线路只要合理地选择性地退出相应开关设备的自动合闸功能，不仅能避免合闸过电压带来的安全风险，还能尽量发挥馈线自动化的作用，缩小停电范围提高供电可靠性。下面以馈线自动化中采用重合器和电压—时间型分段器配合的典型辐射状态网的故障处理过程为例说明。重合器 A 整定为一慢一快，第一次重合闸时间为 15s，第二次重合闸时间为 5s。分段器 B、D 的 X 时限均整定为 7s，分段器 C 和 E 的 X 时限整定为 14s，Y 时限均整定为 5s。图 2-1（a）为线路正常运行状态，所有开关设备均处于合闸状态。d 段发生永久性故障后，重合器 A 跳闸，导致线路失压，造成分段器 B、C、D、E 均分闸，如图 2-1（b）所示。15s 后重合器 A 第一次重合，如图 2-1（c）所示。又经过 7s 后的 X 时限后，分段器 B 自动合闸，b 区段恢复供电，如图 2-1（d）所示。经过 7s 的 X 时限后，分段器 D 自动合闸；由于 d 段存在永久性故障，再次导致重合器 A 跳闸，从而线路失压，造成分段器 B、D 均分闸；由于分段器D合闸后未达到Y时限（5S）就又失压，该分段器被闭锁，如图2-1（e）所示。重合器A再次跳闸后，又经过5s进行第二次重合，分段器B、C依次自动合闸，而分段器D闭锁保持合闸状态，从而隔离故障区段，恢复了健全区段供电，如图2-1（f）所示。

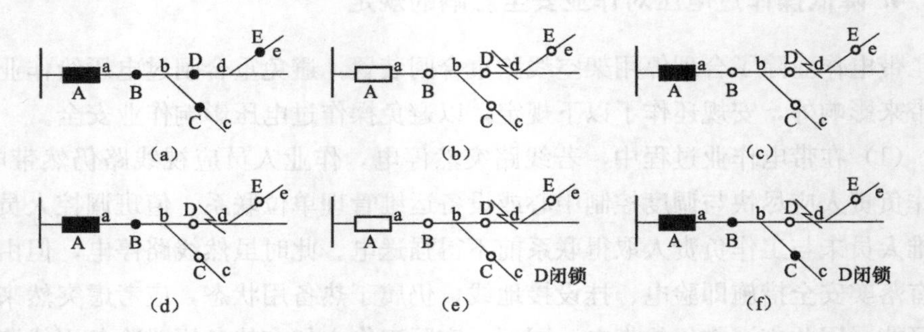


图2-1　馈线自动化典型辐射状态网故障处理过程

A—重合器；B、C、D、E—分段器

（A、B、C、D、E实心代表合闸状态，空心代表分闸状态）

从该动作过程可以看出，如果停用重合器A的重合闸功能，带电作业人员在线路的d段作业时引发短路事故，则会造成该辐射网全部停电。而选择停用分段器D的自动合闸功能，则不但可以避免故障处理中分段器D自动合闸带来的二次伤害以及重合器A、分段器B自动合闸产生过电压带来的安全风险，而且将停电范围限制在故障段及后侧线段。同理，如果在多电源环形网络中，应停用作业点两侧分段器的自动合闸功能。

# 第二模块　验　电

## 第一单元　案　例

2012年8月，某省公司下属供电企业配电带电作业班在配合电缆运维检修班更换10kV开关站进线电缆工作时发生相间短路事故，高架绝缘斗臂车绝缘斗内的作业人员被电弧严重灼伤。事故经过如下：

作业装置为一电缆登杆的终端杆，电缆与架空线路经隔离开关连接。由于电缆终端引线未经过渡引线与隔离开关动触头连接，在隔离开关分闸状态下，拆除其动触头处电缆终端引线时，作业人员与隔离开关静触头等有电部位的距离小于规定值（10kV 为 0.7m），因此必须采用带电作业工作票。作业当日，工作负责人到达现场并确认隔离开关已在断开位置后，与设备运行单位联系确认开关站电缆出线间隔开关是否已在检修位置。此时，带电作业班班长赶至现场，发现现场工作尚未开始，在工作负责人尚未返回的情况下违章指挥工作班成员开展工作。斗内电工控制高架绝缘斗臂车的绝缘斗进入带电作业区域后，认为刚退出运行的电缆因电容效应存储的电荷还未及释放，具有一定的电位，因此需要进行放电后才能接触。为快速放电，贸然用放电棒直接短接三相电缆终端引线，结果引发相间短路事故。

## 第二单元　案例分析

导致本案例事故发生的原因主要有以下三个方面：安全意识不够强、组织措施和技术措施落实不完善、作业人员专业知识薄弱。

（1）组织措施落实执行不到位，现场管理混乱，带电作业班班长违章指挥，工作班成员自我保护的安全意识不够，没有拒绝违章指挥和强令冒险作业的违章现象。

（2）技术措施落实错误，对作业中可能存在的危险点和控制措施分析不到位，现场标准化作业指导书执行不到位。斗内电工进入带电作业区域后，应用高压验电器对架空线路、电缆终端引线等进行验电，确认 10kV 开关站内相应的出线间隔的开关已拉开，线路侧接地刀闸已接地。即使没有进行验电，如将电缆终端引线视作有电情况下，设置严密牢固的绝缘遮蔽措施后断引线并作妥善固定，也不会导致事故的发生。

（3）作业人员配电专业知识薄弱。本装置电缆退出运行后，终端杆上的隔离开关应处于断开位置，10kV 开关站内相应的出线间隔的开关已拉开，线路侧接地刀闸已接地。此时电缆可通过接地刀闸释放残存的电荷量，而无需作业人员再次进行放电。

本案例中，如果能在作业前进行验电就可避免事故的发生，因此“验电”是保证配电带电作业安全的重要技术措施之一。

## 第三单元　相关知识点

### 1. 配网不停电作业的验电流程

配电带电作业工作中验电的部位及其针对性与停电检修时是不同的，除了正常状态下有电的导体（设备）外，还包括已停电的设备、横担等地电位构件、设备金属外壳等。进入带电作业区域（斗内电工离带电体的距离小于等于2m左右）后，验电流程如下：

（1）对验电器进行自检，检查其声光指示信号是否正确。

（2）在带电线路上进行验电，验证验电器动作正确，并检查线路是否有电。如发现线路无电，工作负责人应及时联系值班调控人员，避免其在未与现场工作负责人取得联系前进行送电操作，导致产生操作过电压危及杆上作业人员的安全。

（3）对已停电的设备、横担等地电位构件、设备金属外壳等进行验电，并根据现象对设备、装置的作业条件进行判断，补充安全措施。

如搭接空载线路引线时，如负荷侧有倒送电现象，在未经验电确认的情况下进行搭接，则相当于通过接引的方式对两个电源进行并列。当并列的是两个同源电源时，如果相序错误将引发相间短路事故，严重危及人员、设备和电网安全；当并列的是两个非同源的电源时，即使相序正确，还可能存在相位差，在并列条件不满足的情况下，会发生剧烈拉弧现象，引发短路事故。同时，由于电源到搭接点阻抗大小不相同，还会因穿越潮流导致电弧的产生。铁横担、设备外壳有电，则说明绝缘子绝缘性能下降，泄漏电流增大或设备的保护接地、避雷器的防雷接地电阻过大。

**2. 带电更换避雷器时验电的作用**

带电更换避雷器前，对避雷器横担进行验电，可以判断避雷器阀型电阻是否老化、避雷器外绝缘的绝缘性能是否降低、接地引下线或接地是否完好。某班组在轮换10kV线路避雷器时，对横担验电后发现有电，经过认真细致的检查，查出避雷器的接地引下线由于偷盗缺失而使用绝缘操作杆和绝缘断线剪剪断避雷器引线，加装接地引下线后更换了避雷器。其基本原理如下：

由图2-2可知，在正常情况下，避雷器阀性电阻阻抗 $Z_F$ 接近无穷大，避雷器接地引下线和接地装置的阻抗 $Z_j$ 很小（10Ω及以下），$U_1$ 的电位很低且趋近于0电位，因此验电器不会响应。但由于避雷器长期承受工作电压，其阀性电阻老化，阻值降低，同时由于接地引下线缺失，横担至大地的阻抗增大（水泥杆的阻抗值），导致 $U_1$ 的电位升高，甚至达到了验电器的动作电压。$U_1$ 的计算公式为

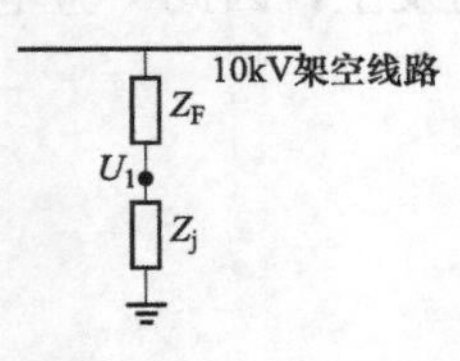


图2-2　架空线路避雷器接线关系图

$$U_1 = \frac{Z_j}{Z_F + Z_j} \cdot \frac{10}{\sqrt{3}} \quad (kV) \tag{2-1}$$

式中 $Z_F$——避雷器阀性电阻；

$Z_j$——接地引下线及接地装置的电阻。

### 3. 带电更换直线杆绝缘子时验电的作用

某班组为大批量更换 10kV 针式绝缘子，在现场勘察时，对直线杆铁横担及针式绝缘子的铁脚进行验电，发现在绝大部分情况下，绝缘子铁脚处有电而横担无电，但部分情况下绝缘子铁脚和横担均有电。为此进行了分析，最后结论如表 2-1 所示。

**表 2-1　带电更换 10kV 针式绝缘子验电分析**

| 验电部位 / 绝缘子状态 | 铁脚 | 横担 |
|---|---|---|
| 正常 | 有电 | 无电 |
| 异常（绝缘子绝缘性能下降） | 有电 | 有电 |

正常情况下，这种现象属于静电感应现象，针式绝缘子的铁脚处感应出高电位，而横担由混凝土电杆强制处于 0 电位下，如图 2-3 所示。而异常时由于针式绝缘子绝缘性能下降，较大的泄漏电流或接地电流从导线→针式绝缘子→针式绝缘子铁脚→铁横担→电杆流入大地。针式绝缘子铁脚和铁横担可看作一个整体，其阻抗 $Z_0$ 趋近于 0，导线相对地电压由绝缘子绝缘电阻 $Z_y$ 和混凝土电杆的阻抗 $Z_j$ 分压，$U_1$ 和 $U_2$ 电位相等，如图 2-4 所示，其计算公式为

$$U_1 = U_2 = \frac{Z_j}{Z_y + Z_j} \cdot \frac{10}{\sqrt{3}} \quad (kV) \tag{2-2}$$

式中 $Z_y$——针式绝缘子阻抗；

$Z_j$——混凝土电杆的阻抗。

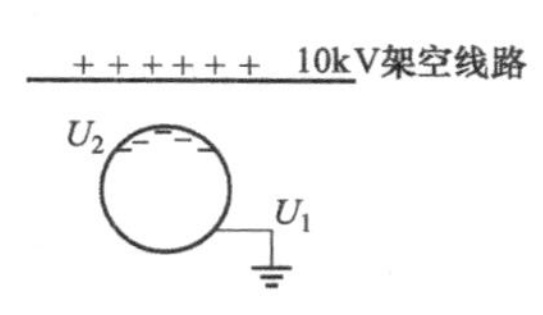


图 2-3　针式绝缘子绝缘性能下降时静电感应

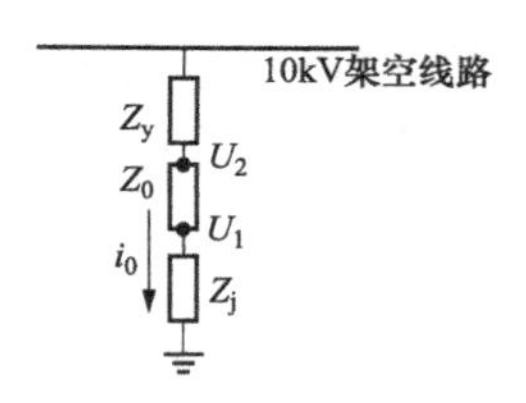


图 2-4　针式绝缘子绝缘性能下降时泄漏电流通道

针式绝缘子的绝缘性能受损的同时其机械性能也会下降，在拆卸绝缘子顶槽绑扎线时，绝缘子碎块从高处散落造成高空落物。导线在泄漏电流的长期放电作用下可能存在断股现象，因此该班组在作业前做了充分的危险点预想，在作业中采取完善的控制措施，保证了作业的安全。

**4. 带电更换跌落式熔断器时验电的作用**

某班组在带电更换配变台架跌落式熔断器时，测得跌落式熔断器安装支架有电，但未引起重视，结果在拆跌落式熔断器静触头接线柱引线时有较大的弧光出现，作业人员受到惊吓而对引线失去控制。引线晃动触碰到邻相导线而引发相间短路事故，短路电弧严重灼伤作业人员。正常情况下，作业人员在拆跌落式熔断器静触头接线柱引线时与地电位的横担应保持 0.4m 的安全距离，实际上跌落式熔断器静触头接线柱与横担的空间距离约为 23cm，因此按照操作过电压相对地的幅值设置绝缘遮蔽隔离措施。但当横担有电时，说明有一相跌落式熔断器绝缘子的绝缘性能有损伤，在拆开该跌落式熔断器静触头接线柱引线并使其脱离时，泄漏电流引发的电弧将远远超出预期。在拆其它两相的跌落式熔断器静触头接线柱引线时，作业人员与横担应保持 0.6m 的安全距离，绝缘遮蔽隔离措施也应参照操作过电压相间的幅值来设置。

# 第三模块　现场工器具检测

## 第一单元　案　例

2011 年 5 月，某供电公司带电作业班在 10kV××线×号杆搭接空载线路引线。布置完工作现场后，从绝缘斗臂车的工具箱内取出绝缘工器具、金属工器具及金属材料等，斗内电工穿戴好个人绝缘防护用具即登上绝缘斗臂车开展作业。斗内电工左手握住中相引线端部接触干线瞬间有强烈的麻电感。匆忙甩落引线时同时碰触到外边相干线和电杆，造成瞬时单相接地拉弧。

图 2-5　绝缘手套检漏仪

经检查，斗内电工左手穿戴的绝缘手套虎口部位严重磨损，用绝缘手套检漏仪（见图 2-5）检查，有明显的刺穿孔。通过对绝缘工器具库房进行细致的检查，又清理出一双具有同样缺陷的绝缘手套。

## 第二单元 案例分析

带电作业绝缘工器具在使用前，应在阴凉通风的地方铺开防潮垫，将绝缘工器具、金属工器具和金属材料等分类定置摆放好。先用干燥清洁的毛巾擦拭工器具表面的粉尘脏污，同时进行表面检查，是否有划伤、龟裂和变形等影响工器具机电性能和操作性能的缺陷，然后做进一步的检查或检测。在现场工作前带电作业绝缘工器具的检测方法和重点应根据该工器具保护作用的实现途径以及绝缘材料的特性来确定。上述案例反映出该作业班组在工器具管理上存在以下问题：

（1）绝缘工器具在运输管理环节，与金属工器具、金属材料混放在绝缘斗臂车工具箱内。

（2）没有按照规程要求在现场对绝缘工器具进行表面检查以及对绝缘工具进行绝缘检测，未能及时发现工器具的缺陷。

个人绝缘工器具宜按照“谁使用，谁保管、谁检查”的方式进行管理，使安全责任更加明确。另外，进行搭接引线工作时，宜用绝缘操作杆（双头锁杆）先锁住引线后再将其固定在干线上，除有效控制引线外还可以使斗内电工与搭接点有一定的距离。

另有一起绝缘斗臂车现场在使用中单侧垂直支腿缩回导致操作闭锁的事例，也是由于现场疏于检查引起的，现简要介绍如下。2005 年 10 月，某供电公司带电作业班组在接跌落式熔断器引线工作中从中相转移至外边相作业位置时，由于绝缘斗臂车液压系统出现问题，靠近电杆一侧的垂直支腿缩回，导致绝缘斗臂车操作失灵。工作负责人当即命令斗内电工在绝缘斗臂车内蹲下后，解锁绝缘斗臂车作业范围超限保护装置，收回绝缘臂。

## 第三单元 相关知识点

### 1. 绝缘工具现场检测方法

绝缘工具包括硬质绝缘工具和软质绝缘工具。绝缘工具在带电作业中起主绝缘保护用。作业时，泄漏电流沿绝缘工具表面和绝缘材料内部流向人体。因此，在现场作业前除对其进行表面检查和检查试验周期是否超出外，还应用绝缘电阻检测仪检测其表面绝缘电阻。安规明确规定“绝缘工具应用 2500V 及以上电压的绝缘电阻检测仪和电极宽2cm、电极间距为2cm的测试电极进行分段检测，绝缘电阻不低于700MΩ”。

硬质绝缘工具中使用广泛的是绝缘操作杆，此外还有利用绝缘管材或板材支撑的绝缘硬梯、绝缘平台、绝缘拉杆等作业人员承载工具和绝缘承力工具。绝缘棒材、管材和板材采用环氧玻璃钢（玻璃纤维和环氧树脂复合而成）制作，在使用过程中表面绝缘性能受到的影响因素明显多于绝缘材料内部，如金属粉尘、脏污和水分等，如图2-6所示，并且由于绝缘材料界面影响，表面绝缘电阻比体积绝缘电阻低，因此使用前应用干燥的清洁布对其表面进行擦拭清洁，并检查其表面有无受损等。硬质绝缘工具表面的绝缘漆或涂料具有憎水性能，在检测时，为避免测试电极刮伤绝缘材料表面，测试电极不能在绝缘材料表面滑动，而是进行点测。图2-7为一种绝缘操作杆、绝缘绳索专用的快速监测仪，可克服传统测试电极带来的影响，如检测不全面、刮伤绝缘操作杆表面绝缘漆等。硬质绝缘工具应着重检查在作业中起保护作用的那段有效绝缘长度部分。

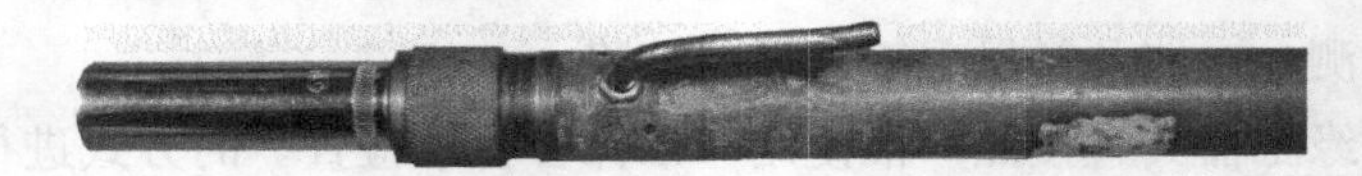

图2-6　外表磨损严重的绝缘操作杆

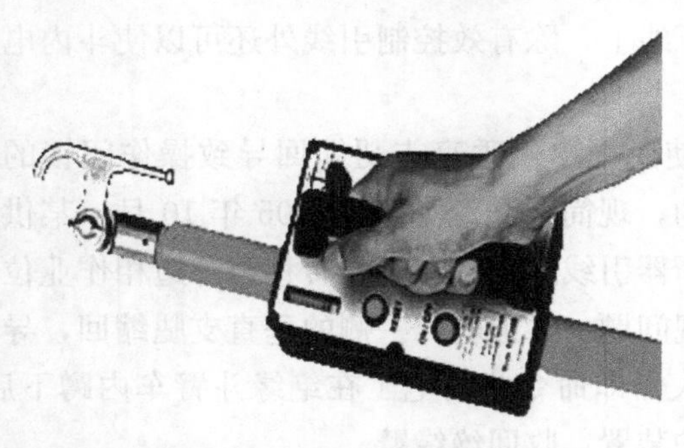

图2-7　绝缘操作杆、绝缘绳索质量快速监测仪

绝缘操作杆是作业人员手的延伸，增大了作业范围，其操作头的灵活性和杆件接续的牢固程度决定作业人员技术动作的有效性，因此需检查操作头和杆件接续部位的机械强度和操作性能。雨天由于对作业工具吸水性的要求特别高（其外表材料的吸水性应≤0.02%），因此还要全面检查绝缘操作杆上下端部的封堵情况，检查其表面材料有无刮伤、龟裂、脏污等现象，检查握手部分上部硅橡胶防雨罩与杆件之间的接触是否紧密、有无破损等。

绝缘绳索、绝缘绳套或由绝缘绳制作的绝缘软梯、消弧绳等都属于软质绝缘工具。在配电带电作业中绝缘绳索或绝缘绳套使用较为广泛，主要作为上下传递工器具和起吊设备用。此外，还有更换耐张绝缘子串时使用的扁带式紧线器和后备保护绳等。这些工具除了绝缘性能之外还应特别重视其机械强度，因此除了检测表面绝缘电阻外，还应检查整体有无过度伸长（线径明显变小），表面有无断股、破损，线股中有无夹杂铁丝等现象。图 2-8 为断股明显、表面脏污的绝缘绳。

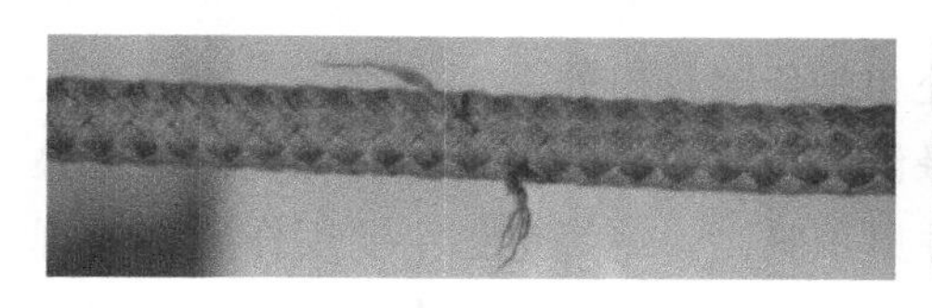

图 2-8　断股明显、表面脏污的绝缘绳

**2. 绝缘防护用具现场检查方法**

绝缘遮蔽用具和绝缘防护用具在带电作业中起辅助绝缘保护用。绝缘防护用具，如绝缘衣、绝缘手套，其保护原理与绝缘遮蔽用具相同，因此不需要用绝缘电阻检测仪进行检测，应侧重表面清洁和检查。绝缘手套的材料为橡胶，紫外线、油污、酸碱等易导致橡胶老化，存储绝缘手套时应远离这些物品。使用中，作业人员习惯用左手握持导线、金具，用右手握持扳手等工具，因此左手的绝缘手套较右手的更易磨损（见图 2-9）。进行预防性试验时左手的绝缘手套报废得较多。

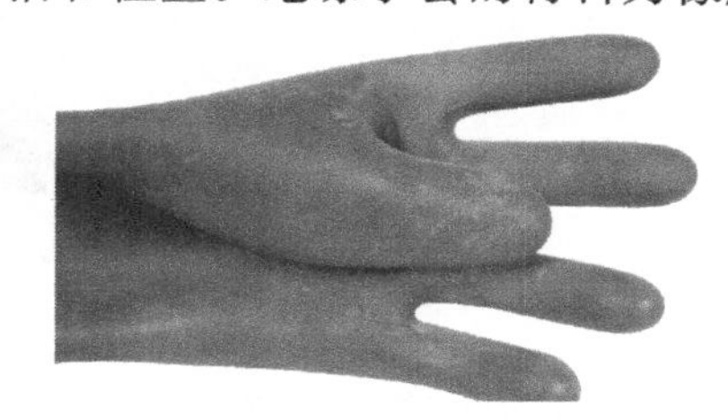

图 2-9　虎口部位磨损严重的（左手）绝缘手套

**3. 绝缘遮蔽用具现场检查方法**

绝缘遮蔽隔离用具包括软质遮蔽罩、硬质遮蔽罩、挡板、绝缘毯等。遮蔽罩、绝缘毯等在使用时与被遮蔽导体或构件紧密接触，有一个所谓的保护区域，保护区域依靠层向绝缘性能起辅助绝缘保护。非保护区即绝缘遮蔽隔离用具的边沿（在设置绝缘遮蔽组合时，即是各绝缘遮蔽用具互相重叠的部分，安规规定重叠长度不小于 15cm），除层向绝缘起一定的保护作用外，主要依靠表面绝缘电阻抑制泄漏电流。检测绝缘遮蔽用具表面绝缘电阻无法有效检出层向绝缘缺陷，由于表面脏污或沾染的金属粉尘对作业安全有很大影响，因此侧重于表面清洁，并做细致的表面检查，检查有无划伤、刺穿等缺陷。

如软质导线绝缘遮蔽罩的绝缘材料为橡胶，使用中容易老化，常用来遮蔽开关设备或避雷器引线。其表面为波纹管形状，其凹陷部位会有很多不易觉察的裂纹，如图 2-10（a）所示。随着使用频率和保存时间的增加，其裂纹越来越明显，安全防护作用也就越来越差；并且其内表面会沾染很多黑色的金属粉尘，平时很容易忽略而忘记进行清洁，在一定程度上又影响其绝缘性能。在预防性试验中，击穿现象常发生在裂痕处和遮蔽罩开口处。

为缩小存储空间，通常将树脂绝缘包毯折叠后放入工具箱，长此以往折叠部位有较明显的折痕，容易产生断痕并累积脏污。绝缘包毯主要用作遮蔽非规则的构件、金具，易被划伤，如图 2-10（b）所示。当表层被刺穿后，潮湿的空气易进入内部塑料薄膜而影响其绝缘性能。

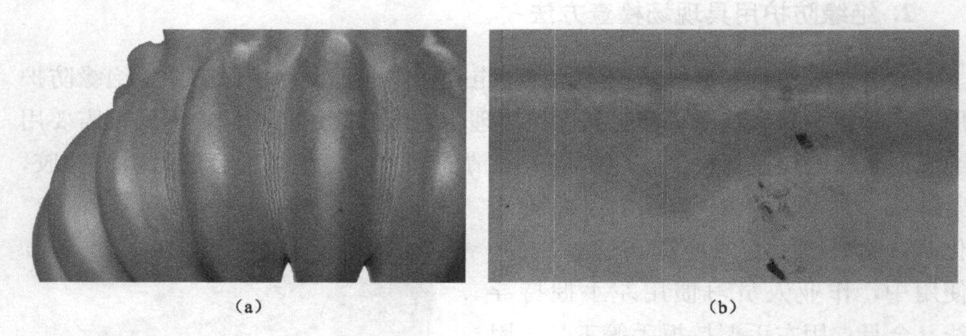

（a）　　　　　　　　　　　　（b）

图 2-10　劣化的绝缘遮蔽用具

（a）有裂痕（纹）的软质导线绝缘遮蔽罩；（b）表面有折痕、脏污、划伤的绝缘包毯

### 4. YS 类绝缘服、绝缘包毯、软质导线绝缘遮蔽罩预防性试验

很多从事配电带电作业的人员反映，绝缘包毯和软质导线绝缘遮蔽罩在进行预防性试验时容易被击穿。经对试验过程进行详细了解后，发现是高压试验人员对配电带电作业防护用具的试验方法不当造成的。

对个人绝缘防护用具、绝缘遮蔽用具（以下统称防护用具）进行预防性试验的流程是：先进行表面检查，然后进行交流耐压试验。表面检查是在用清洁干燥的毛巾对被试品进行清洁的同时目测其内外有无裂痕、刺伤、割伤等，并检查是否干燥。在表面检查结果良好的情况下才可进行耐压试验。预防性试验的电压和试验时间应与其适用电压一致，我国中压配网的额定电压为 10kV，防护用具的预防性试验标准为 20kV/min。

防护用具在预防性试验中被击穿，除防护用具本身劣化外，还有以下三个方面的因素：

（1）被试品规格与我国中压电网的电压不匹配。配电带电作业用防护用具应选择 2 级产品，根据 DL/T 803—2002《带电作业用绝缘毯》、DL/T 880—2004《带电作业用导线软质遮蔽罩》等标准的规定，2 级对应有 6000、10000V 两个电压。很多带电作业班组在购置防护用具时，没有加以区别，导致购回的防护用具最大使用电压只有 7000V。

（2）预防性试验标准错误。有些试验单位由于对带电作业工器具的标准不熟悉，采用型式试验的标准（20kV/3min 或 30kV/min）来进行预防性试验。

（3）电气试验方法不正确。以绝缘衣预防性交流耐压试验为例进行说明。试验室温度和湿度应保持在 20℃±15℃和 65%±20%。在绝缘衣内部、上部电极淋上水，为了不让水流下来，将多余水分用干布擦去。按图 2-11 所示在试验台上面安放好绝缘衣内部、上部电极（电极与上衣要贴紧）。绝缘衣内部与上部电极的位置必须与指定的沿面距离保持一定间距，垂直方向在同一直线上。上衣沿面部分必须确认干燥，如有水滴一定要擦干。试验电压的升压速度为 1000V/s。测试结果以无击穿、发热为合格。测试后，绝缘衣内部、上部

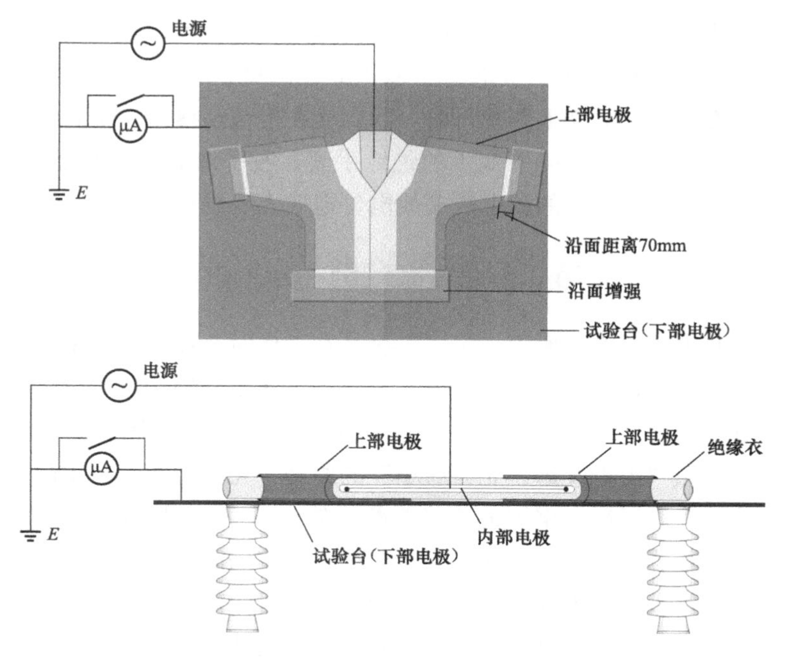


图 2-11　绝缘服预防性试验示意图

电极会变得非常热，如连续测试须等电极冷却后进行，也可用淋水的方法使电极冷却。从上述试验过程可知，为了使电极与被试品紧密接触，并降低泄漏电流引起的发热，采用了湿电极。很多试验人员忽略了这个问题，试验中电极越来越热，最终导致被试品发生热击穿。

# 第四模块　设置绝缘遮蔽隔离措施

## 第一单元　案　　例

2010 年 10 月 14 日，××供电公司带电作业班在处理 10kV××路 34 支 10 号直线杆中相绝缘子缺陷时发生人身触电事故，触电人员经抢救无效死亡。

中相绝缘子缺陷情况为立铁因紧固螺母脱落，螺栓脱出；中相立铁和绝缘子及导线向东边相倾斜，中相绝缘子搭在东边相绝缘子上，中相绝缘子瓷裙损坏；中相导线与东边相导线的距离约为 20cm。

工作负责人李××带领带电作业人员樊×、刘×、陈××和赵××到达现场，陈××和樊×穿戴好安全防护用具进入绝缘斗内，由陈××用绝缘杆将倾斜的中相导线推开，樊×对中相导线接地环做绝缘防护后，陈××继续用绝缘杆推动导线，将中相立铁推至抱箍凸槽正面，由樊×安装、紧固立铁上侧螺母。樊×在安装中相立铁上侧螺母时，因螺栓在抱箍凸槽内，带着绝缘手套的手无法顶出螺栓，便擅自摘下双手的绝缘手套，左手拿着螺母靠近中相立铁，举起右手时，与遮蔽不严的放电线夹放电，造成人身触电。

## 第二单元　案　例　分　析

引发这起事故的主要原因在于：①樊×在工作时违反规程，擅自摘掉绝缘手套进行工作，作业时失去基本人身安全防护，两手分别接触带电体（放电线夹带电部分）和接地体（中相立铁），形成放电回路。②绝缘遮蔽措施不完善。斗内电工未按照“由近及远、先大后小”的原则“先两边相、再中间相”依次对导线、接地环设置严密牢固的绝缘遮蔽措施，只对中间相进行了绝缘遮蔽，且接地环未遮蔽严密。当然也存在安全监护不到位的问题。作业过程中杆下监护人（工作负责人）和绝缘斗上监护人未能实施有效的监护，对樊×摘掉双手绝缘手套进行作业的违章行为没有及时制止，对遮蔽措施不完善的情况未能及时纠正。以上都反映出工作班成员不重视绝缘遮蔽和个人安全防护措施的作用，工作作风不严谨，存在习惯性违章现象。

# 第三单元　相关知识点

## 1. 带电作业中的绝缘遮蔽范围

配电带电作业中的绝缘遮蔽隔离的范围应足够，它由作业人员的臂长（$L_1$=0.7m）、手工工具长度（$L_2$=0.3m）、人体俯仰幅度（$L_3$=0.3m）和安全距离（$L_4$=0.4m）等因素确定。图 2-12 为使用绝缘斗臂车采用绝缘手套作业法作业时，斗内电工在绝缘斗的停位点设置边相导线绝缘遮蔽措施时的活动范围，虚线框为其活动范围与异电位物体（电杆构件、邻相导体）应保持的安全距离。从图 2-12 可知，由于内边相耐张绝缘子和中相导线已处于斗内人员活动范围的安全区域之外，因此在设置边相导线绝缘遮蔽措施时是不可能触及的，作业是安全的。如果斗内电工为追求作业的便利性，随意将绝缘斗向横担侧及导线靠近，内边相耐张绝缘子和中相导线将在可能触及的范围内，作业风险随之增大；如果将绝缘斗的长边（长度 1050mm）面向作业点，将增大斗内电工两侧的活动范围，作业风险也将增大。因此，斗内电工应选择合适的绝缘

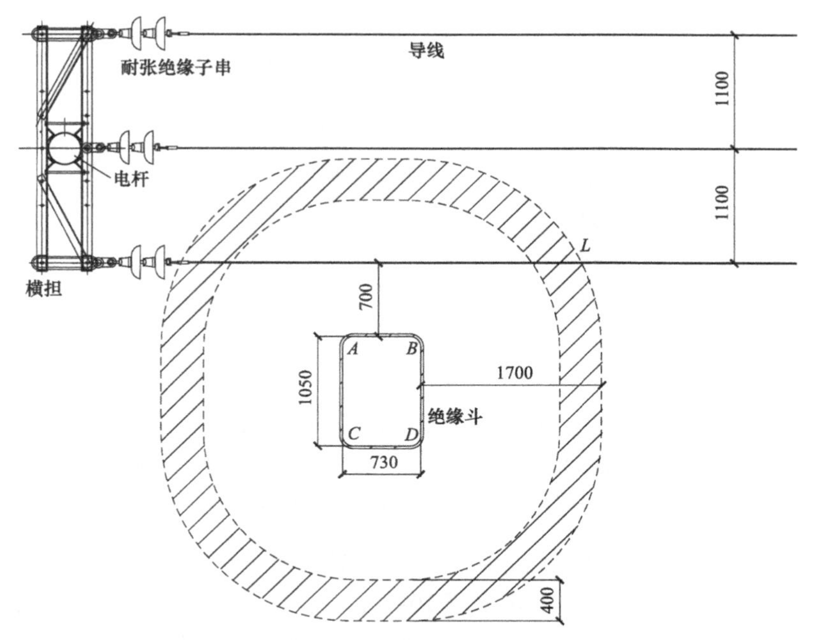


图 2-12　采取绝缘斗臂车绝缘手套作业法时斗内作业人员活动范围示意图

斗停位点和停位方式，尽量限制自己的活动范围，按照“从大到小”即“先从大的作业空间再到狭小作业空间”的顺序设置绝缘遮蔽措施。按照“全绝缘”思路设置遮蔽隔离措施时也应参考斗内作业人员的活动范围。

**2. 选用或使用绝缘遮蔽隔离用具时的注意事项**

绝缘遮蔽隔离措施的基本要求是严密牢固，除要求绝缘遮蔽组合的各绝缘遮蔽用具间有 15cm 的重叠长度外，还要求在作业人员动作方向没有显见的空隙。下面为常见的绝缘遮蔽隔离措施设置问题：

（1）间接作业法所用遮蔽隔离用具不外乎是一些硬质绝缘遮蔽罩和绝缘挡板，如图 2-13（a）为绝缘杆作业法清除马蜂窝，图中导线上挂设的绝缘遮蔽罩如图 2-13（b）所示。杆上人员采用脚扣登杆时处于带电导体的下方，在其操作动作的方向上没有有效遮蔽带电导体，只能起到一定的阻挡作用，因此是有安全隐患的。应采用如图 2-13（c）、（d）所示样式的导线绝缘遮蔽罩。

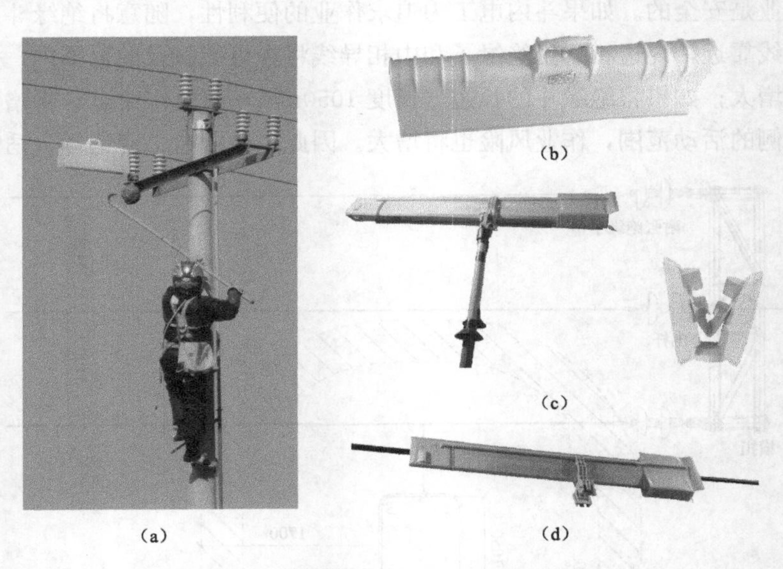

图 2-13　间接作业法用导线绝缘遮蔽罩

（a）绝缘杆作业法清除异物（马蜂窝）；（b）导线遮蔽罩；（c）设置日制导线遮蔽罩示意图；（d）已在导线设置好的导线遮蔽罩

（2）对于 10kV 配电带电作业，根据 GB 12168—2006《带电作业用遮蔽罩》，应选用系列 3—S10、额定电压 10kV、最高工作电压 11.5kV 的绝缘遮蔽罩。按电气性能分为 0、1、2、3 共 4 级，我国配电带电作业常用的绝缘遮蔽用具大多为 YS 类日制产品。日制 2 级对应于额定电压为 6000V（最大使用电压 7000V）和额定电压为 10000V（最大使用电压 17000V）两种，在购买时应特别说明。

（3）YS 类软质导线遮蔽罩（见图 2-14），其左端管径较小，右端管径较大。如多个接续使用时，可将管径较小的 A 端套入另一根软质导线遮蔽罩管径较大的 B 端。无论从 A 端来看还是从 B 两端来看，长度都没有达到重叠 15cm 的要求，但从遮蔽罩的结构上可以看出，泄漏电流通道的长度是满足保护要求的。但软质导线遮蔽罩与绝缘毯等组合使用时，包覆在软质导线遮蔽罩外部的绝缘毯应有 15cm。

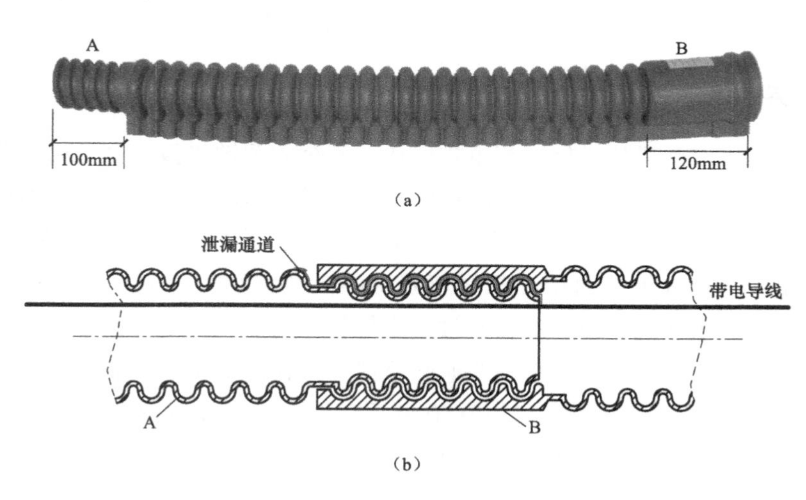


图 2-14　软质导线遮蔽罩

（4）绝缘挡板在带电作业中起到限制人体作业范围和延长泄漏距离等作用。如果设置的位置不当，将降低或丧失其保护作用，图 2-15 为拆氧化锌避雷器引线时绝缘挡板安装位置的示意图。绝缘挡板安装后，与避雷器之间有一定的间隙。若作业人员同时接触避雷器上接线端和挡板时，人体串入“导体—挡板—间隙—挡板下部避雷器沿面距离”的电路中。图中 A 位置从保护的角度看是最可靠的，挡板下部的避雷器沿面距离最长，但留给作业人员的操作空间最小；B 位置无论从绝缘保护还是作业空间看是最佳的；C 位置虽然便于作业人员操作，但挡板下部避雷器的沿面距离明显很小，降低了安全性；D 位置表面上看将铁横担和避雷器下部铁件隔离了，但并没有起到安全防护的作用。

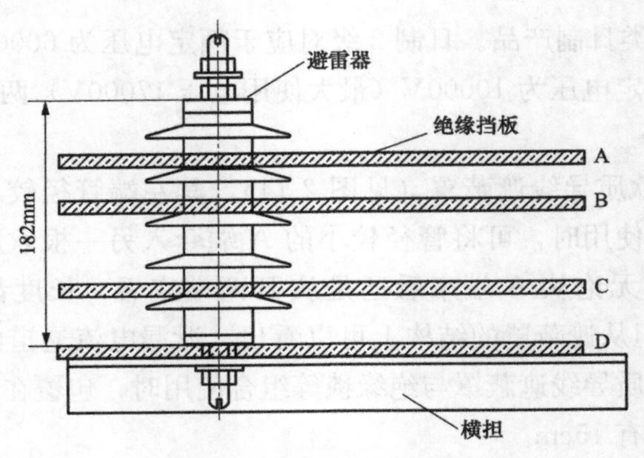


图 2-15　绝缘挡板安装位置

### 3. 异型绝缘遮蔽罩、挡板的应用

设置绝缘遮蔽措施是保证配电带电作业安全的关键步骤，也是相对危险的阶段。用绝缘操作杆设置绝缘遮蔽罩时作业人员可以离带电体较远，因此安全系数较高。另外，可以简化遮蔽隔离的步骤，提高作业效率。与绝缘毯相比，绝缘遮蔽罩和挡板虽然通用性相对较差（不同装置结构不通用），库房管理、运输携带不是很便利，但具有不易被刺穿划伤、耐磨、使用寿命长的优点。因此，针对各种装置研发的异型绝缘遮蔽罩或挡板在配电带电作业中应用越来越多。如图 2-16 所示的组合，可以在绝缘手套作业法更换跌落式熔断器工作中有效实现各相跌落式熔断器相间、相对地构件（横担）、上下触头间的严密隔离，极大提高了作业效率。

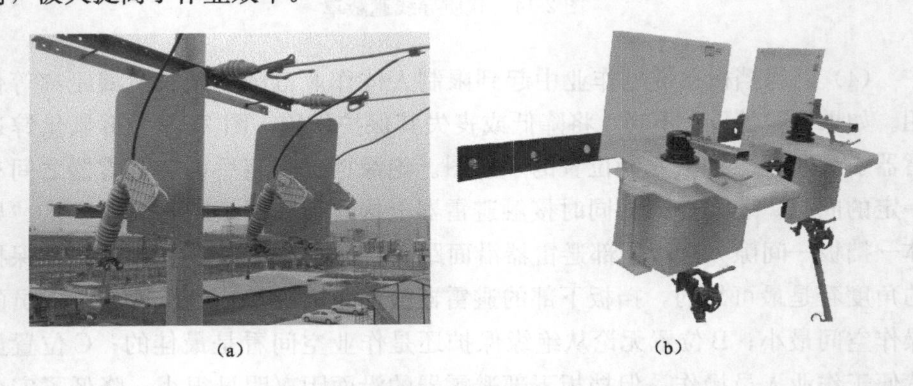

图 2-16　异型绝缘遮蔽罩与挡板
（a）跌落式熔断器相间挡板；（b）跌落式熔断器上下触头、横担遮蔽罩

# 第三章

# 断、接引线

## 第一模块　绝缘杆作业法断、接引线

### 第一单元　案　　例

2011年5月，某供电公司带电作业班在现场实施绝缘杆作业法接分支线路［见图3-1（a）］引线工作，安监人员发现杆上作业人员未戴绝缘手套，对现场人员进行了考核，并要求写事件说明和整改方案。安监人员的理由是：

（1）杆上作业电工安全意识不强，违反配电带电作业有关规程，违章作业；

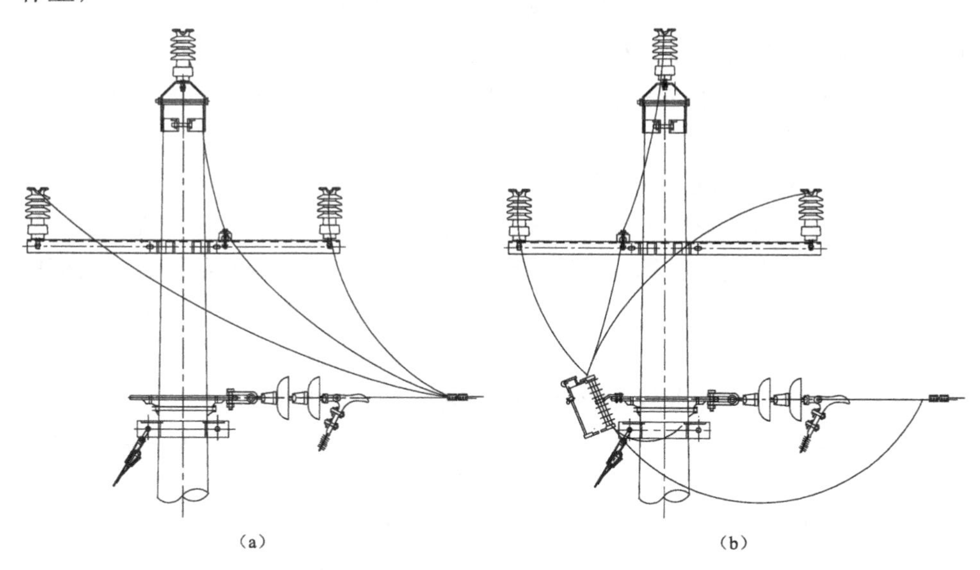


图3-1　分支线路引线搭接方式示意图

（a）无跌落式熔断器的支接线路引线（简称支接线路引线）搭接方式；

（b）有跌落式熔断器的支接线路引线（简称跌落式熔断器上引线）搭接方式

（2）现场工作负责人监护不到位，没有制止违章；

（3）地面作业人员没有“保护他人不被伤害”的安全意识，没有履行任何人都有制止违章的安全责任。

而现场作业人员认为，《国家电网公司电力安全工作规程（线路部分）》（国家电网安监［2009］664号）4.2.5没有强调“用合格的绝缘棒拉、合跌落式熔断器必须戴绝缘手套”，因此绝缘杆作业法进行的带电断、接引线工作也无需戴绝缘手套，因此不存在违章，不服从安监部门的考核。

## 第二单元　案　例　分　析

上述案例反映出该带电作业班成员对配电带电作业工作安全技术要求认识不够深入、安全意识不够强。下面简要比较“用绝缘棒拉、合跌落式熔断器”、“断、接跌落式熔断器上引线”以及“断、接支接线路引线”三项工作的差别。

（1）拉、合跌落式熔断器的技术要领比较简单，操作人员站位比较低，与操作点（熔管拉环）相距较远，操作比较快捷。计算和控制绝缘操作杆有效绝缘长度，在跌落式熔断器熔管拉开前，应将下引线的最低点作为参照点，如图3-1（b）所示。在拉开后可将跌落式熔断器静触头（上接线柱）作为参照点，总的来说高度相差不是很大，操作人员无需调整站位高度，因此很容易就能控制作业中的作为主绝缘保护的安全距离和绝缘杆有效绝缘长度，从而保证倒闸操作中的安全。

（2）带电断、接跌落式熔断器上引线项目，以跌落式熔断器熔管已拉开并取下作为工作条件，此项工作由运维单位落实。从图3-1（b）中可知，引线从干线搭接点被剪断前，计算和控制绝缘杆（如绝缘杆断线剪）绝缘有效长度应以跌落式熔断器的静触头为参考点，但由于引线断开点在干线处，因此绝缘杆断线剪在参考点以上还有约1.6m的长度，增加了作业人员的难度。而且，断线操作技术要求高、作业较为费时，杆上电工为降低作业强度可能不自觉地往上调整站位，减小了与带电部位的空气间隙距离和绝缘杆有效绝缘场地长度。为保证作业安全，杆上电工非常有必要戴绝缘手套。

（3）从图3-1（a）可知，带电断、接引线时作业参考点较带电断、接跌落式熔断器上引线低，因此杆上电工站位更低，作业强度和难度更高。并且，未接通相或已断开相分支线由于静电感应具有一定电位，应视作带电体，作业人员不能直接取已断开或未接通相引线，需要用3副绝缘锁杆（见图3-2）分别控制3根支接线引线。作业中杆上电工除绝缘手套外，还必须穿戴绝缘披肩或绝缘服。图3-2（a）所示锁杆只可单独锁住引线，可用于断、接引线项目控制引线；图3-2（b）所示锁杆可锁住引线后，将引线临时挂接在主导线上并使引线端头与主导线平行，适用于搭接引线项目。

（a）　　　　（b）

图3-2　绝缘锁杆
（a）锁杆；（b）平头锁杆

## 第三单元　相关知识点

### 1. 绝缘杆作业法是配电架空线路带电作业的发展方向

由于农村配电网所处环境的特殊性，如道路狭窄难以支放绝缘斗臂车，部分电杆埋设在田间地头，因此通常采用绝缘杆作业法实施带电作业工作。但因为绝缘杆作业法的灵活性、便利性不及绝缘手套作业法，在城市配电网开展带电作业时往往优先选择绝缘手套作业法。两种作业法在工器具使用、技术动作、作业习惯等方面有些微小的差别。在配电带电作业的发展过程中，曾有过绝缘作业法和绝缘手套作业法作业人员不得混岗的管理要求。有人认为，绝缘杆作业法是一种面临淘汰的配网带电作业方法，这是一种错误的认识。

近年来随着供电负荷的不断增长，架空配电线路回路数、总千米数不断增加，但由于架空配电线路通道的局限，单回路线路的比例越来越小，双回路线路越来越多，甚至出现了三回路、四回路同杆架设的现象。城市和郊区道路越来越宽，道路与架空线路之间有绿化带，距离很远。这些因素导致采用绝缘手套作业法作业时，作业人员难于到达作业位置。在绝缘斗臂车上使用绝缘杆后，使作业人员的手臂得到延伸，扩大了作业范围。另外，可减少作业中绝缘斗臂车工作斗的移位次数，并增大人员与作业装置之间的距离，容易控制安全距离，在某种情况下还可相应地简化绝缘遮蔽隔离措施。绝缘杆与绝缘斗臂车两者结合，使作业兼具直接作业法的灵活性、机动性和间接作业法的优点。

### 2. 绝缘手工工具在配网不停电作业中的应用

并沟线夹绝缘传送杆、引线锁杆、令克棒等绝缘操作杆作为配网不停电作业中保护人身安全的主绝缘工具必须有足够的长度。按照10kV带电作业有效绝缘长度不小于0.7m的要求，加上手持长度不小于0.6m，金属操作头0.1m(一般要求不超过0.1m，实际上绝大多数操作杆金属操作头的长度约为0.10～0.15m)，以及操作头与绝缘杆接续的绝缘失效长度0.1m计算，绝缘操作杆的基本长度应不小于1.5m。使用中，这些操作棒必须按照半年一次的周期进行试验，使用前应用不小于2500V的绝缘电阻检测仪测量其沿面绝缘电阻，其值不小于700MΩ。

绝缘手工工具在作业中一般只起到延伸绝缘手套作业法斗内电工作业范围的、辅助作用，如绝缘柄长度不超过30cm的活络扳手或棘轮扳手、绝缘柄长度不超过1.0m的临时固定引线用的双头锁杆等。这些工具没有0.7m有效绝缘长度可作为作业中的主绝缘保护，其绝缘柄除采用环氧玻璃钢绝缘杆件外通常还采用包覆绝缘形式。在日常使用时应注意保持清洁干燥，并检查绝缘材料完好无孔洞、裂纹等，牢固地粘附在导电部件上，金属裸露部分应无锈蚀。

绝缘手工工具应按照每年一次的周期进行预防性试验。试验内容除进行表面检查外，还需进行10kV/3min的交流耐压试验，试验中以没有发生击穿、放电或闪络为合格。

### 3. 接分支线引线时引线线头应朝向来电方向的原因

工作中经常碰到搭接引线的并沟线夹发热烧损的现象，除了与搭接时紧固程度不够、没有使用导电脂等有关外，还与引线的朝向有关。图3-3为引线搭接朝向的示意图及等值电路图。

从等值电路图中可以看出，干线电流在并沟线夹上的发热效果和引线朝向无关，下面简单分析分支电流引起的发热情况。为便于计算，假设$R_j=R_l=R$。

(1) 将图3-3 (a) 等值电路中的$R_{ac}$、$R_{cd}$、$R_{da}$经△—Y变换并进行整理后的等值电路如图3-4所示。

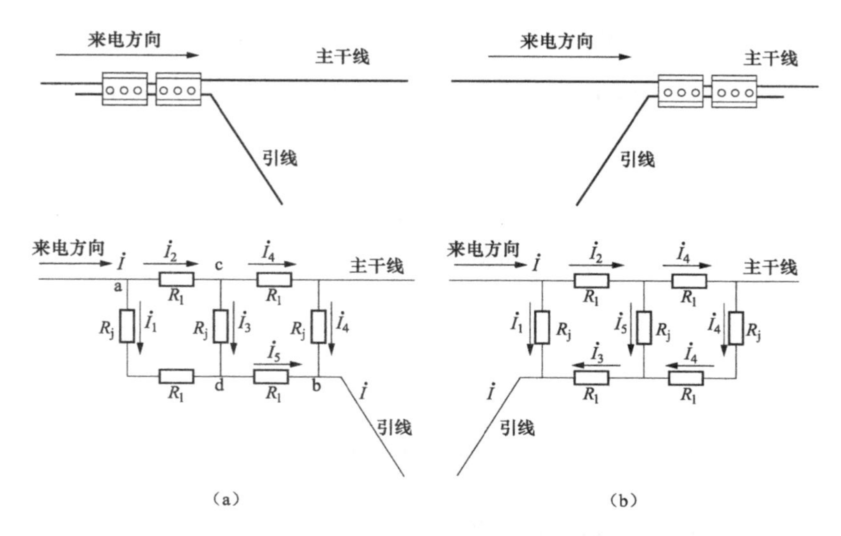


图 3-3　引线搭接朝向示意图和等值电路

（a）引线线头朝向来电方向（电源侧）；（b）引线线头朝向受电侧（负荷侧）

$R_j$—接触电阻；$R_l$—导体分布电阻

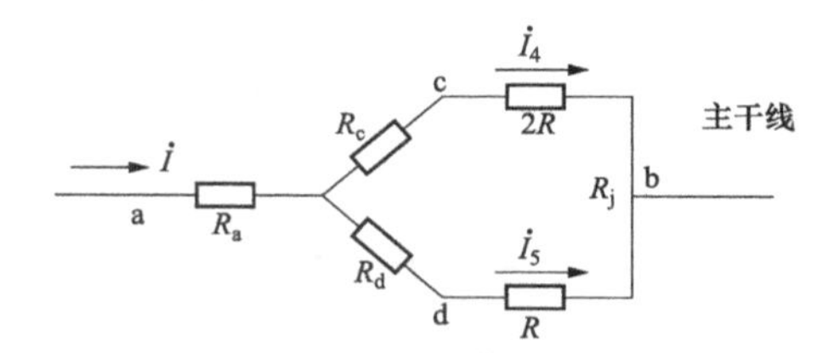


图 3-4　引线线头朝向来电方向（电源侧）△—Y变换后的等值电路

$$R_a = \frac{R_{ac} \cdot R_{da}}{R_{ac} + R_{cd} + R_{da}} = \frac{R \cdot 2R}{R + R + 2R} = \frac{1}{2}R$$

$$R_c = \frac{R_{ad} \cdot R_{cd}}{R_{ac} + R_{cd} + R_{da}} = \frac{R \cdot R}{R + R + 2R} = \frac{1}{4}R$$

$$R_d = \frac{R_{cd} \cdot R_{da}}{R_{ac} + R_{cd} + R_{da}} = \frac{R \cdot 2R}{R + R + 2R} = \frac{1}{2}R$$

$$I_4 = \frac{R_d + R}{R_c + 2R + R_d + R}I = \frac{\frac{1}{2}R + R}{\frac{1}{4}R + 2R + \frac{1}{2}R + R}I = \frac{2}{5}I$$

$$I_5 = I - I_4 = I - \frac{2}{5}I = \frac{3}{5}I$$

根据△—Y变换条件可知，变换前后对应端间的电压不变，可得

$$U_{cd}=2R\cdot I_4-R\cdot I_5=2R\cdot\frac{2}{5}I-R\cdot\frac{3}{5}I=\frac{1}{5}RI$$

$$I_3=\frac{U_{cd}}{R}=\frac{\frac{1}{5}RI}{R}=\frac{1}{5}I$$

由原等值电路应用KCL定律，可得

$$I_1=I_5-I_3=\frac{3}{5}I-\frac{1}{5}I=\frac{2}{5}I$$

$$I_2=I_3+I_4=\frac{1}{5}I+\frac{2}{5}I=\frac{3}{5}I$$

可以看出，图3-3（a）等值电路中各元件上的电流大致相当，发热比较均匀，因此运行工况良好。

（2）从图3-3（b）等值电路可得

$$I_5=3I_4$$

$$I_2=I_3=4I_4$$

$$I_1=\frac{2R\cdot I_2+R\cdot I_5}{R}=11I_4$$

$$I=I_1+I_2=15I_4$$

经整理得

$$I_1=\frac{11}{15}I;\quad I_2=I_3=\frac{4}{15}I;\quad I_4=\frac{1}{15}I;\quad I_5=\frac{1}{5}I$$

可以看出，图3-3（b）中越靠近来电侧的元件电流越大，因此发热也越严重，验证了生产现场靠近来电一侧的并沟线夹容易出现烧损的现象。

从以上分析得出，为保证线夹运行良好，搭接引线时其端头应朝向来电方向。

# 第二模块　绝缘手套作业法断、接引线

## 第一单元　案　　例

2012年×月×日，某供电公司配电带电作业班在绝缘斗臂车上采用绝缘手套作业法接耐张杆引线。作业线路导线的架设采用单回路三角排列方式，导线型号为LJ—185。搭接点负荷侧柱上断路器两侧均装有电压互感器（TV）

且互感器未经隔离开关与系统直连，该柱上断路器装置和接线原理如图 3-5 所示。搭接点至断路器间架空线路约 30m。工作负责人带领工作班成员到达现场复勘确认负荷侧的柱上断路器已经拉开。斗内电工在作业装置上落实好绝缘遮蔽隔离措施后，按“先中间相，再两边相”的顺序搭接三相过引线。搭接最后一相过引线在与电源侧干线接触瞬间电弧明显，斗内电工由于心里预期不足，将过引线迅速从主导线上抽回脱开。斗内电工戴着绝缘手套感觉有轻微刺痛感，并隐约听到负荷断路器有嗡嗡的震动声。作业中断后采用停电作业方式完成了工作。

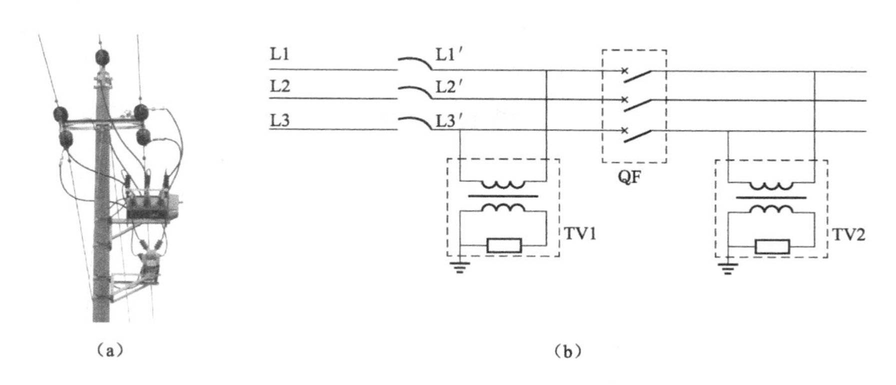


图 3-5　装置性违章的柱上断路器接线图

(a) 装置图；(b) 接线原理图

L1、L2、L3—架空线路（电源侧）；L1′、L2′、L3′—开关引线；QF—柱上断路器；
TV1、TV2—电压互感器

## 第二单元　案　例　分　析

本案例中，由于对配网自动化设备不熟悉，违反了安规“带电断、接空载线路时，应确认线路的另一端断路器（开关）和隔离开关（刀闸）确已断开，接入线路侧的变压器、电压互感器确已退出运行后，方可进行”的规定，属于带负荷搭接过引线。由于搭接点负荷侧柱上断路器装置电源侧没有安装隔离开关，无法按照规程要求退出电压互感器，不具备作业条件。该柱上断路器装置也属于装置性违章。现分析本案例中的作业现场。

搭接中相引线 L2′和搭接边相引线 L1′时，只有由于静电感应引起微弱的放电。静电感应的强度与电场强度和电极间正对面积的大小、电极间的距离等有关。架空线路装置周围的空间电场非常复杂，为了便于分析，这里仅考虑主要的影响因素。三相主导线呈三角排列，在空间电场上虽然不能抵消为零，但比较小。在搭接 L2′时，随着引线逐渐靠近中间相主导线，引线所处位置的电场强度有所上升。我们将主导线和引线看作两个电极，引线与主导线的正对面积仅为引线前端弯折的部分，因此静电感应现象很弱，在引线端部聚集的异种电荷的电荷量不大。在引线触及主导线时，引线与主导线上异种电荷中和引起放电。引线 L1′虽然与电压互感器的引线连接在一起，但在搭接 L1′时电压互感器还未形成闭合回路，因此，搭接时的放电还属于静电感应现象。已接通的引线 L2′负荷侧架空线与 L1′的负荷侧架空线处于平行位置，参与了静电感应的过程，比搭接引线 L2′时更加复杂些。搭接另一个边相引线 L3′时，当引线端部触碰到主导线时，电压互感器高压侧绕组串入电路，立即产生励磁电流，即此时的放电是电压互感器的励磁电流产生的。设 L1′的相电压为 $u_A=\sqrt{2}U_A\sin\omega t$，则 L1′、L3′之间的电压为 $u_{AC}=\sqrt{6}U_A\sin(\omega t-30°)$，励磁电流的大小为

$$i_{(t)}=\sqrt{6}\frac{U_A}{Z}\sin(\omega t-30°-\varphi)+\sqrt{6}\frac{U_A}{Z}\sin(30°+\varphi)e^{-\frac{t}{\tau}}$$

式中 $Z$——回路阻抗，$Z=\sqrt{R^2+X_L{}^2}$；

$R$——L1′相的电阻值；

$X_L$——电压互感器高压绕组的电感，$X_L=\omega L$ 忽略电压互感器高压绕组的电阻和电压互感器二次侧负载的影响；

$\varphi$——阻抗角，$\varphi=\tan^{-1}\frac{X_L}{R}$；

$\tau$——衰减系数，$\tau=\frac{L}{R}$。

当 $t=0$ 时，可得出电压互感器励磁电流的最大值，一般情况下是其额定电流的十几倍。

电压互感器（又称电源变压器）可同时满足开关的操作电源、控制单元工作电源和线路电压检测的要求，所以必须有足够的容量。现以常见的柱上互感器为例，其变比为 10kV/220V；额定功率为 0.5kVA（连续），3kVA（短时 1s）；阻抗电压＜15%。经过简单换算，额定电流为 0.05A，则瞬时的励磁电流可达 0.5～1A，因此会有明显的弧光。

作业人员将过引线迅速从主导线上脱开，即是截断了电压互感器的励磁电流 $i_L$。电压互感器高压绕组是一个电感元件，电感元件上的电流不能突变。若

突变会产生过电压，称为截流过电压 $u_{\mathrm{L}}$。过电压的大小与互感器电感 $L$ 和电流突变量的大小（即导线脱开的速度）成正比，其解析式可表示为

$$u_{\mathrm{L}} = L\frac{\mathrm{d}i}{\mathrm{d}t} = \sqrt{6}\frac{U_{\mathrm{A}}}{Z}\omega L\cos(\omega t - 30° - \varphi) - \sqrt{6}\frac{U_{\mathrm{A}}}{Z}R$$

在最不利的时候，即在励磁电流最大值时截断励磁电流，则电压互感器高压绕组上的截流过电压 $u_{\mathrm{L}}$ 达到最大，这时引线 L3′端部的电位为 $u_{\mathrm{A}}+u_{\mathrm{L}}$。当 $u_{\mathrm{L}}$ 还未衰减完毕，$u_{\mathrm{A}}$ 达到最大值时，引线 L3′端部的电位最高，使作业人员手持引线时有刺痛感；同时由于互感器内部磁通也发生突变，造成互感器震动。

为保证停电检修和带电作业工作的安全，柱上断路器电源侧须串接柱上隔离开关，将电压互感器引线接于隔离开关的动触座，如图 3-6 所示。

（a）

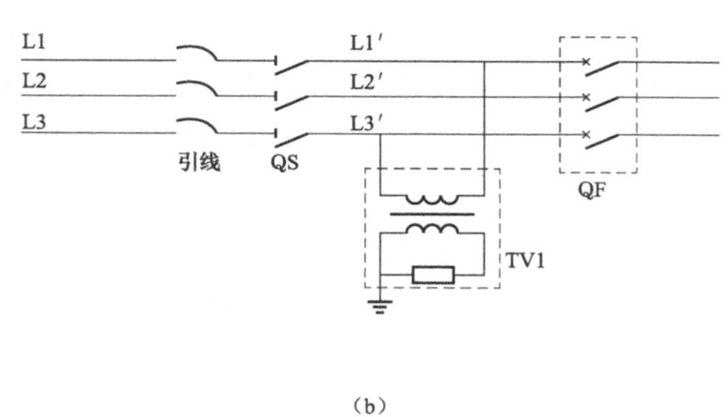


（b）

图 3-6　柱上断路器接线

（a）带有隔离开关的柱上断路器；（b）接线原理图

L1、L2、L3—架空线路（电源侧）；L1′、L2′、L3′—开关引线；

QS—柱上隔离开关；QF—柱上断路器；TV1—电压互感器

## 第三单元　相关知识点

### 1. 在断空载线路引线时确认线路处于空载状态的方法

如果发生带负荷断引线事故，其后果将比带负荷拉隔离开关或跌落式熔断器严重得多，这是因为：①作业人员的开断引线的操作速度远不如用绝缘操作棒拉隔离开关或跌落式熔断器快；②作业人员离断开点较近，特别是绝缘手套作业法。燃弧时间长，并可能由于电弧的重燃，造成过电压的级联上升，电弧

产生的热量与弧光将严重危及作业人员的安全。

为保证作业的安全，现场作业前工作负责人应与运维单位人员一起对线路进行复勘并确认断开点负荷侧的断路器已拉开，即变压器和电压互感器等均已退出。另外，还可以采用测量线路电流的方法来初步确认线路是否空载，且空载电流不应超过 5A。由于测量电流时无法得知电流是容性、感性还是阻性，所以并不能完全排除线路处于负荷状态。以额定容量 100kVA 变压器为例，满载时其负荷电流约 6A，按经济运行方式计算约 4A，因此如该变压器未退出，实际测得电流将在 5A 以下。判断线路是否空载，还应主要依靠现场复勘结果和调度、运维单位的运行操作记录，因此断空载线路引线工作必须获得调度和运维单位的许可。

当作业线路存在以下单相接地现象，不应断空载线路引线：

（1）调度集控站有接地信号；

（2）测量三相电流虽然均小于 5A，但符合以下特征时：

1）两相电流大致相等，另一相电流约为前两相电流的$\sqrt{3}$倍，说明系统为中性点不接地系统，作业线路有单相接地，接地点在作业点负荷侧，如图 3-7 中 $k_3^{(1)}$。

2）两相电流大致相等（约为正常运行时空载电流的$\sqrt{3}$倍），另一相电流为 0（或非常小）。说明作业线路有单相接地，接地点在作业点电源侧，如图 3-7 中 $k_1^{(1)}$ 和 $k_2^{(1)}$。

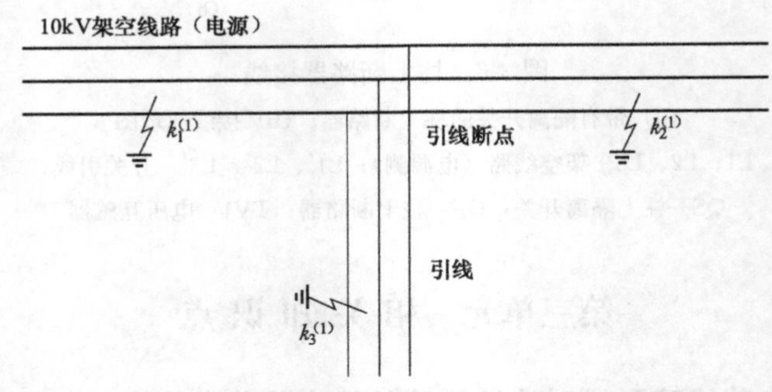


图 3-7　断空载线路引线系统单相接地示意图

### 2. 在接空载线路引线时确认线路处于空载状态的方法

接引线时，为保证作业安全，搭接点负荷侧线路应该没有接地或负载接入现象。当有接地现象时，如架空线路有未拆除的接地线、电缆线路开关站（变电站）内接地开关未拉开等，此时带电接引将引发接地短路事故。当线路负荷侧有未断开的变压器、电压互感器等设备时，带电接引相当于带负荷合闸。现场作业前，除了工作负责人与运维单位人员一起对线路进行复勘外，还可以在搭接点用 2500V 及以上的绝缘电阻测试仪测量负荷侧线路的绝缘电阻，以判断是否有接地或负荷接入现象。表 3-1 为线路不同状况下绝缘电阻参照表。

**表 3-1　　线路不同状况下绝缘电阻参照表**

| 线路状态 \ 绝缘电阻值 | 相间绝缘电阻值 | 相对地绝缘电阻值 |
|---|---|---|
| 空载 | 500MΩ 及以上 | 500MΩ 及以上 |
| 有变压器接入［见图 3-8（a)］ | 0（两相导线及变压器高压绕组直流电阻值） | 500MΩ 及以上 |
| 有电压互感器接入［见图 3-8（b)］ | 线路用单相电压互感器一般接于 A、C 两相之间，此时测得的绝缘电阻为两相导线及互感器高压绕组的直流电阻值，接近于 0；其它 A、B 两相之间和 B、C 两相之间的绝缘电阻值为∞ | 500MΩ 及以上 |
| 有接地线或开关站（变电站）内接地开关处于合闸位置［见图 3-8（c)］ | 0 | 0 |

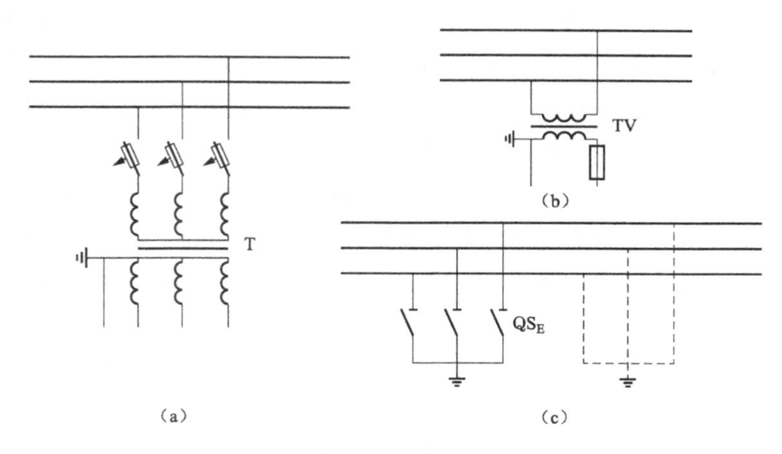


图 3-8　线路不同状况下的接线示意图

通过对绝缘电阻的检测发现引线负荷侧有接地或有设备接入时，应查明原因，撤除接地线或退出设备后，才能搭接引线。如没有采取测量绝缘电阻的方法预先判断搭接点引线负荷侧线路的状态，还可在搭接一相引线后采用检流和验电的方法来判断。若发现有以下现象必须停止作业，经查明原因后方可继续工作：

（1）用钳形电流表测量引线电流大于5A。在计算空载电流小于5A的情况下，检流发现电流超过5A，则很有可能是负荷侧有接地现象，如环网柜内负荷开关线路侧的接地刀闸未拉开。在接第一相的时候，消弧开关内的电流为单相接地电流（中性点经消弧线圈接地系统，经消弧线圈补偿后，接地相电流不大于10A，不接地系统单相接地电流不大于30A）。

（2）对其它两相未搭接的电缆引线进行验电，如果有电，则可能有未退出的变压器或电压互感器倒送电。

以电缆为主的10kV城市配电系统，其中性点为经低阻抗接地（20kV配电系统也采用中性点经低阻抗接地的方式），单相接地电流可达600～1000A，在架空线路搭接第一相引线时即可引发事故。上述两种方法中，前一种将危险点预控的关口前移了，因此更能保障作业的安全。

### 3. 断、接空载线路引线作业方式的选择

断接空载线路引线，包括分支线引线、耐张杆过引线、空载电缆引线等，应根据线路空载电流的大小来选择作业方式。国家电网公司在2012年10kV电缆不停电作业的试点及推广应用中，以YJV22—3×300为主要研究对象，规定“断、接空载电缆的长度不得超过3km，在电缆长度超过50m时，必须使用消弧开关”。这一规定给“断、接空载电缆与架空线路连接引线”项目提供了非常直观且简便易行的参照数据。但在现场，断、接空载线路引线的实际情况要复杂得多。引线断接点负荷侧的空载线路极可能是电缆，也有可能是架空线路，或者既有电力电缆也有架空线路。在这种情况下，必须能比较准确地估算断接点负荷侧空载线路的电容电流，并按空载电流的大小来选择合适的作业方式：

（1）当空载线路稳态电容电流小于0.1A时，可直接采用绝缘手套作业法或绝缘杆作业法断、接线路引线；

（2）当空载线路稳态电容电流大于等于0.1A且小于等于5A时，断空载线路引线应采用快分式消弧开关（与10kV电力线路的隔离开关可以拉合电容电流不超过5A的空载线路一致），而接空载线路引线时应用快合式消弧开关。

（3）当空载线路稳态电容电流大于5A时，禁止作业。

**4. 断、接空载 10kV 三芯电缆引线试验及仿真计算**

电缆芯线被外部铠装、屏蔽层包围，可以分别看做是电容的两个极板。其正对面积较大，而且距离非常近。现在广泛使用的交联电缆，绝缘介质的介电常数比较大（20～30），因此 10kV 电力电缆的电容效应很大。不同的电缆长度、电缆截面积都会改变电缆的对地电容，而不同的断、接方式（人工或采用灭弧开关）也会影响暂态过电压及电容电流的大小。中国电力科学研究院高压所针对空载电缆与电源闭合、断开时的电容电流和电压进行了试验和仿真计算。图 3-9 为截面积 $300mm^2$、长度 1km 的空载电缆单相闭合时的电流、电压波形图，图 3-10 为截面积 $300mm^2$、长度 1km 的空载电缆单相开断时的电流、电压波形图。

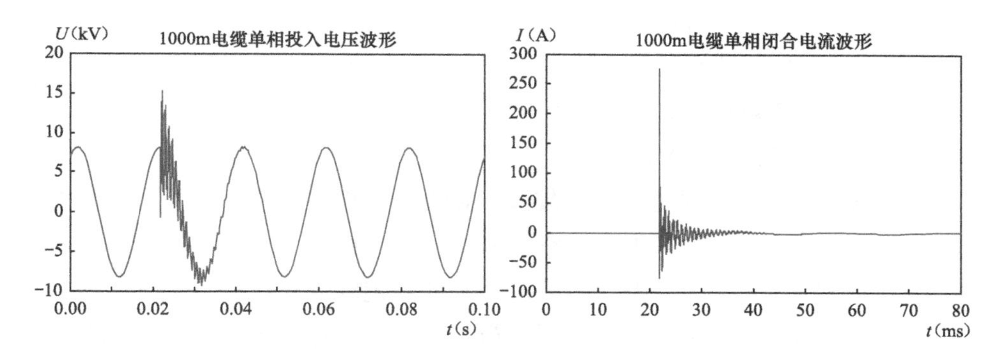


图 3-9　1km、$300mm^2$ 空载电缆单相闭合时的电流、电压波形

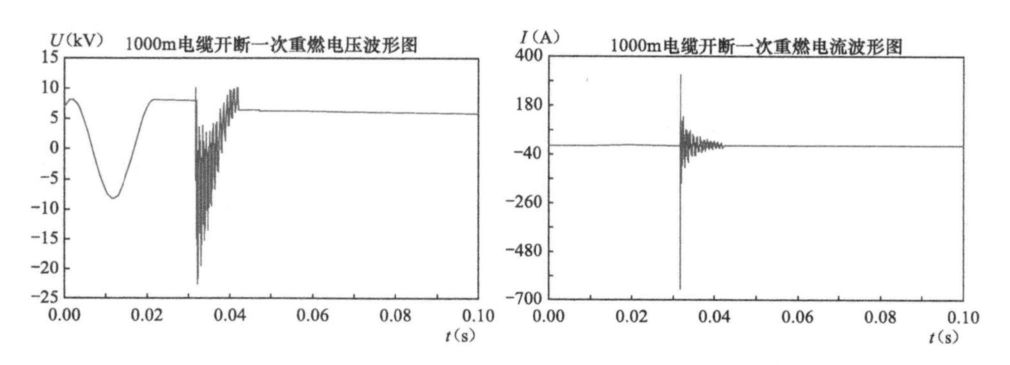


图 3-10　开断单相 1km、$300mm^2$ 空载电缆时的电流、电压波形

通过仿真计算，得出以下结论：

（1）作业过程时，电缆长度越长、截面积越大，对地等效电容也越大。进行断接操作时，过电压和过电流的振荡周期越长，流过投切开关的能量就越高。

（2）由于采用灭弧装置断开空载电缆时不易产生电弧重燃，人工方式断接的过电压要大于采用灭弧装置的过电压。

（3）当电缆线路单芯（相）截面积不大于 $300mm^2$、长度不大于 3km 时，断、接单相引线作业过程中最大操作过电压不大于 2.8p.u.，最大暂态电流的能量不超过 98J，最大稳态电容电流为 5A。

### 5. 架空线路单相电容电流的估算

计算架空线路电容电流的公式如式（3-1）和式（3-2）所示。

$$I_C = \omega CUL \times 10^{-3} \tag{3-1}$$

式中 $\omega$——工频电流角频率，等于 314；

$C$——单位长度架空线路对地电容值，$\mu F/km$；

$U$——系统相对地电压，等于 $10/\sqrt{3}kV$；

$L$——电缆长度，单位 km。

由于架空导线与大地之间距离较远，导线直径的变化对电容的影响基本可以忽略不计。单回路 10kV 架空线路的单位电容一般为 $(5\sim6)\times10^{-3}\mu F/km$，架空裸导线对地电容取 $5\times10^{-3}\mu F/km$。但架空绝缘导线线径（包括绝缘层）较粗，与人行树、建筑物的距离较近，横担较短，线路比较紧凑，对电容效应有一定的影响，取 $6\times10^{-3}\mu F/km$。

$$I_C = \frac{UL}{350} \tag{3-2}$$

式中 $U$——系统额定电压，单位 kV；

$L$——电缆长度，km。

式（3-2）可用于计算 10kV 系统发生单相接地时，由架空线路产生的流经接地点处电容电流值，其值是交流三相系统正常运行时单相对地电容电流的 3 倍。实际工作要求的是单相稳态电容电流，因此需对此公式进行修正，如式（3-3）所示。

$$I_C = \frac{1}{3} \cdot \frac{UL}{350} \tag{3-3}$$

同杆双回路线路中的一回线路与另一回线路和大地之间构成串联等效电容，对线路的电容效应产生影响。双回路线路的电容电流为单回路的 1.3～1.6 倍，架空裸导线取 1.3 倍，架空绝缘导线取 1.6 倍。目前由于城市电网线路通道问题，10kV 配电架空线路还出现了 3 回、4 回甚至 5 回路同杆架设的情况，可以参照双回路修正系数进行修正。现按照式（3-1）和式（3-3）计算得出每千米架空线路断、接引线时的单相稳态电容电流，如表 3-2 所示。

**表 3-2　断、接单位长度 10kV 架空线路引线时的单相稳态电容电流计算值**　A/km

| 计算值<br>公式 | 裸导线 | | | | | 架空绝缘导线 | | | | |
|---|---|---|---|---|---|---|---|---|---|---|
| | 单回路 | 双回路 | 三回路 | 四回路 | 五回路 | 单回路 | 双回路 | 三回路 | 四回路 | 五回路 |
| 式（3-1） | 0.010 | 0.012 | 0.016 | 0.021 | 0.027 | 0.010 | 0.015 | 0.024 | 0.039 | 0.062 |
| 式（3-3） | 0.009 | 0.012 | 0.015 | 0.020 | 0.026 | 0.011 | 0.017 | 0.028 | 0.045 | 0.071 |

从表 3-2 可知，按照式（3-1）、式（3-3）计算所得数值是一致的，没有明显的差别。为保证断、接空载架空线路引线工作的安全，建议采用表（3-2）中计算数值中较大的数据作为制订作业方案的参照值，见表 3-3。

**表 3-3　断、接单位长度 10kV 架空线路引线时的单相稳态电容电流参照值**　A/km

| 裸导线 | | | | | 架空绝缘导线 | | | | |
|---|---|---|---|---|---|---|---|---|---|
| 单回路 | 双回路 | 三回路 | 四回路 | 五回路 | 单回路 | 双回路 | 三回路 | 四回路 | 五回路 |
| 0.010 | 0.012 | 0.016 | 0.021 | 0.027 | 0.011 | 0.017 | 0.028 | 0.045 | 0.071 |

## 6. 电缆线路单相电容电流的计算

计算 10kV 电缆线路产生的电容电流的公式有式（3-4）～式（3-6）。

$$I_C = \frac{UL}{10} \tag{3-4}$$

式中　$U$——系统额定电压，kV；

$L$——电缆长度，km。

$$I_C = \frac{95 + 1.44S}{2200 + 0.23S}UL \tag{3-5}$$

式中　$S$——电缆芯线截面积，$mm^2$；

$U$——系统额定电压，kV；

$L$——电缆长度，km。

$$I_C = \omega CUL \times 10^{-3} \tag{3-6}$$

式中　$\omega$——工频电流角频率，等于 314；

$C$——单位长度电缆对地电容值，可用惠更斯电桥进行测量，$\mu F/km$；

$U$——系统相对地电压，等于 $10/\sqrt{3}$kV；

$L$——电缆长度，km。

式（3-1）、式（3-2）均可计算10kV系统发生单相接地时由电缆线路产生的流经接地点处的电容电流，其值是交流三相系统正常运行时单相对地电容电流的3倍。式（3-2）适用于10kV统包油浸纸绝缘电缆的电容电流的计算，目前广泛使用的交联聚乙烯绝缘电缆的电容电流还应乘以系数1.2。在断、接空载线路引线时，断开或接通的是系统正常运行时单相导线（电缆芯线）对地的电容电流，因此应对公式进行修正，修正后的公式分别为式（3-7）和式（3-8）。

$$I_C = \frac{1}{3} \cdot \frac{UL}{10} \tag{3-7}$$

$$I_C = 1.2 \times \frac{1}{3} \times \frac{95 + 1.44S}{2200 + 0.23S} UL \tag{3-8}$$

现按照式（3-6）～式（3-8）计算得出每千米交联聚乙烯绝缘电缆线路断、接引线时的单相稳态电容电流，见表3-4。

**表3-4 断、接单位长度10kV交联聚乙烯绝缘电缆引线时的单相稳态电容电流计算值**

A/km

| 截面积（$mm^2$） | C（$\mu F/km$） | 式（3-4） | 式（3-5） | 式（3-3） | 截面积（$mm^2$） | C（$\mu F/km$） | 式（3-4） | 式（3-5） | 式（3-3） |
|---|---|---|---|---|---|---|---|---|---|
| 16 | 0.16 | 0.333 | 0.214 | 0.290 | 120 | 0.27 | 0.333 | 0.481 | 0.489 |
| 25 | 0.17 | 0.333 | 0.238 | 0.308 | 150 | 0.29 | 0.333 | 0.557 | 0.526 |
| 35 | 0.18 | 0.333 | 0.263 | 0.326 | 185 | 0.32 | 0.333 | 0.645 | 0.580 |
| 50 | 0.2 | 0.333 | 0.302 | 0.363 | 240 | 0.35 | 0.333 | 0.781 | 0.635 |
| 70 | 0.22 | 0.333 | 0.353 | 0.399 | 300 | 0.39 | 0.333 | 0.929 | 0.707 |
| 95 | 0.25 | 0.333 | 0.417 | 0.453 | 400 | 0.43 | 0.333 | 1.171 | 0.780 |

式（3-7）与电缆的截面积、绝缘方式等没有关系，当电缆截面积大于等于95$mm^2$时，计算数值与式（3-8）偏差越来越大。由于电缆芯线与外部金属护层间隙很小，芯线的截面积越大，即电缆芯线截面周长越大，与金属护层正对的面积也就越大，导致电容效应越大，因此不能忽略截面积变化带来的影响。式（3-4）在工程上粗略计算系统总的电容电流，用来选择消弧线圈是可以的，但对断、接具体的空载线路引线这种配网不停电作业项目来说，误差太大。按照式（3-5）、式（3-3）计算的数值变化有一致性，在电缆截面积小于等于150$mm^2$时基本一致。为保证断、接电缆引线工作的安全，建议采用表3-1中按照式（3-7）、式（3-8）计算数值中较大的数据作为制定作业方案的参照值，如表3-5所示。

表 3-5　断、接单位长度 10kV 交联聚乙烯绝缘电缆引线时的单相稳态电容电流参照值　A/km

| 电缆芯线截面（$mm^2$） | 50 | 70 | 95 | 120 | 150 | 185 | 240 | 300 | 400 |
|---|---|---|---|---|---|---|---|---|---|
| 单相电容电流 | 0.363 | 0.399 | 0.453 | 0.489 | 0.557 | 0.645 | 0.781 | 0.929 | 1.171 |

### 7. 空载电流计算实例

2013 年 6 月，某单位于 110kV××变电站 10kV××线 32 号杆搭接至花园路分支箱的电缆引线，分支箱负荷侧通过倒闸操作，断开了所有负荷和可能连接的线路，但还有 4 条架空线路和 2 条电缆线路不能退出。线路的具体参数如表 3-6 所示，需要通过计算接电缆引线时单相电容电流来判断作业的安全性，并选择相应的作业方法。

表 3-6　花园路分支箱负荷侧空载线路现场勘测数据表

| 线路类型 | 电压等级（kV） | 导线规格 | 长度（km） |
|---|---|---|---|
| 电缆 | 10 | YJV22—3×400 | 0.216 |
| 电缆 | 10 | YJV22—3×70 | 0.281 |
| 架空线路 | 10 | LJ—185 | 0.034 |
| 架空线路 | 10 | LJ—70 | 0.17 |
| 架空线路 | 10 | JKLYJ—185 | 0.304，双回路架设 |
| 架空线路 | 10 | JKLYJ—240 | 0.173，双回路架设 |

单相电缆的电容电流：$I_{C1}=0.399\times0.281+1.171\times0.216=0.365$（A）

单相架空线路的电容电流：$I_{C2}=0.01\times(0.034+0.17)+0.017\times(0.304+0.173)=0.01$（A）

单相总的电容电流：$0.1\text{A}\leqslant I_C=I_{C1}+I_{C2}=0.375\text{A}\leqslant5$（A）

因此，搭接花园路分支箱的电缆引线是可行的，但需要借助消弧开关来进行。在现场搭接花园路分支箱电缆的第一相引线时，在电缆引线和架空导线之间组装好消弧开关和绝缘分流线组成的临时回路，并合上消弧开关后，用钳形电流表测量绝缘分流线，测得电流为 0.337A，与计算值基本吻合。

### 8. 中压配电带电作业不能使用消弧绳

消弧绳是输电、变电带电作业断接引线工作中用于开断或接通电容电流的一种绳索工具。它由蚕丝线分两层编织而成，里层为 $\phi6\sim\phi8$ 的芯索，外层用 15 股 $\phi2$ 的股绳编织至端部 1～1.2m 处，由多股铜丝股绳接续编织而成（即消弧绳的铜编织多股裸软铜线的长度为 1～1.2m），其铜丝股绳的总截面积不小于

25mm²。消弧绳的使用方法是：由等电位电工在主线上安装好跟斗滑轮，将消弧绳连接在引线上；地面电工拉紧消弧绳；等电位电工拆除（搭接）设备线夹螺栓或引线接头；地面电工拉控制绳，使引线迅速脱离或接触电位；等电位电工拆除消弧绳和跟斗滑轮。由于配电线路引线搭接点离装置较近[1]，用消弧绳作业容易引起相对地短路，因此中压配电带电作业断接引线不能使用消弧绳。

### 9. 配电带电作业用消弧开关的技术参数及应用实例

2013 年 9 月 17 日，某地市公司带电更换 10kV 富润 554 线大都市支线 01 号杆电缆线路与架空线路之间的柱上隔离开关。作业点杆型为 DK3 电缆终端杆；电杆型号是 190-15M-J 级；架空线路导线型号 JKLYJ-10-70，单回路三角型排列；电缆型号为 YJV22－8.7/15kV—3×260。架空线路通过隔离开关与电缆连接，由架空引入地下电缆井，电缆接入大都市开关站 I 进线开关，电缆总长为 260m，接线方式如图 3-11 所示。隔离开关因触头发热老化，无法进行断开操作。为保证作业的安全，拟将大都市开关站内大都市 I 进线开关改热备用，断开隔离开关与架空线路连接引线后更换隔离开关及其两侧引线。参照表 3-5 该段电缆的空载电流估算值为 0.781×0.26＝0.203（A），因此拟定了使用消弧开关断隔离开关与架空线路连接引线的作业方案。作业人员进入带电作业区域后用高压钳形电流表测得空载电流为 0.21A，与估算值基本相符。现场作业过程中，断开隔离开关与架空线路连接引线并拉开消弧开关后，测得绝缘分流线上的电流大于 0.1A，即消弧开关无论从操动机构还是从透明玻壳看到的动、静触头都已在分闸位置，但实际并未真正起到断开电路的作用。事后对消弧开关进行检查发现，玻罩内表面有较多黑色划痕和脏污，动触头环氧树脂导向杆表面有自上而下的黑色条纹。在消弧开关电气触头分闸状态下，用 2500V 绝缘电阻检测仪测得断口间的绝缘电阻小于 2MΩ。

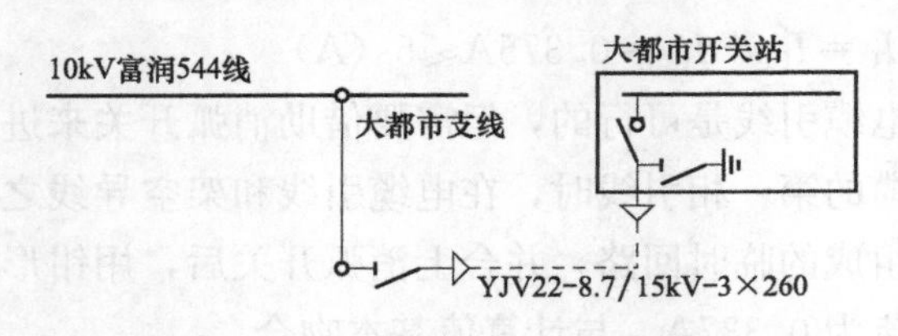


图 3-11　大都市支线与开关站接线关系图

带电作业用消弧开关是具有断、接空载架空或电缆线路电容电流功能和一定灭弧能力的开关，如图 3-12 是型号为 MK300A 的一种快合、快分式消弧开关。它可以有效保证带电作业人员不受空载线路充放电过程产生的电容电流的

[1] 按设计或施工验收规程，中压架空线路电线与电杆、拉线或构架间的净空距离不小于 0.2m。

影响。消弧开关包括触头、灭弧室、操动机构等部件。其操动机构采用人(手)力储能操动机构，以实现快速地开断或关合开关。带电进行消弧开关的开断或关合操作时，作业人员应与灭弧室等部件保持一定的安全距离。因此，消弧开关一般带有绝缘操作杆，或带有方便绝缘杆操作的挂杆、挂环等部件。为避免在消弧开关开断或关合不到位的情况下进行断、接空载电缆引线时导致电容电流拉弧，消弧开关应采用透明的灭弧室，可直接观察到触头的开、合状态。

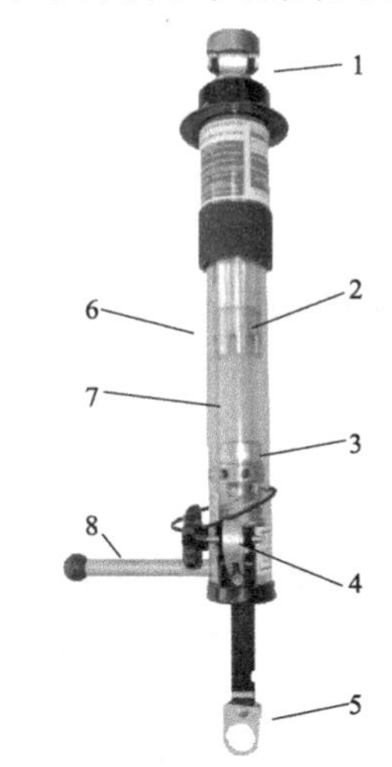

图 3-12 带电作业用消弧开关
1—线夹；2—静触头；3—动触头；4—合闸拉环；5—分闸拉环；6—玻壳（灭弧室）；7—黄色内管（内有弧触头）；8—导电杆（接绝缘分流线用）

使用消弧开关的气象条件为：温度−25～40℃，湿度≤80%，海拔高度≤1000m。

根据 Q/GDW 1811—2013《10kV 带电作业用消弧开关技术条件》的规定，带电作业用消弧开关的电气性能应满足表 3-7 中的各项要求。

表 3-7 带电作业用消弧开关电气性能

| 序号 | 参数 | 要求 |
| --- | --- | --- |
| 1 | 额定电压（V） | 10 |
| 2 | 额定频率（Hz） | 50 |
| 3 | 电容电流关合及开断能力 | ≥5A，操作次数≥1000 次 |
| 4 | 开断状态下灭弧室及触头的 1min 工频耐压水平（kV） | 42 |
| 5 | 操作杆 1min 工频耐压水平 | 45，试验长度 0.4m |

消弧开关依靠操动机构完成整个操作程序，操动机构装置应确保分、合闸操作的准确性和可靠性。接通、断开各一次为一个操作循环，操作寿命应不小于 1000 次操作循环。消弧开关是单相操作的开关，由于我国 10kV 配电系统的中性点运行方式大多为不接地或经消弧线圈接地，因此不能作为操作器件关合、开断负荷电流，否则将引起系统三相不对称，使系统中性点对地电位发生偏移，并影响负荷侧三相负荷的安全运行。

现场使用 MK300A 消弧开关前应按下列方法对工具进行检查：

(1) 在消弧开关关合状态下将分闸拉环（黑色拉带）拉出约 50mm，检查工具外管黄铜触头可视孔中的白色杆头是否可见，正常情况下应确保可见。注意：此时外部黄铜触头已分离，但黄色内管内部弧触头还处于合闸状态。

（2）继续拉出黑色拉带直至弹簧分闸机构触发、锁定，此时可听到内部弧触头快速分闸的独特的开断声。注意此时黑色拉带被完全拉出，消弧开关外部黄铜触头已被分离到足够的耐压距离，黄铜触头可视孔中的白色杆头应不可见，内部弧触头断开。

（3）在断开状态下，用2500V绝缘电阻测试仪测量触头间的绝缘电阻，应不小于1000MΩ。

（4）拉出复位钮并触发消弧开关进行关合，关合过程迅速无障碍。合闸后黄铜触头应完全关合，看不见黄色内管。

MK300A消弧开关在使用中应注意：

（1）确认消弧开关引流线夹与线路导体尺寸匹配。

（2）线路电压、电流应与消弧开关的额定电压、额定电流匹配。消弧开关不能用于开断电容器。因为，开断电容器时能瞬时产生2～3倍于额定电压，使消弧开关内的绝缘间隙击穿并导致闪络。

（3）为保证消弧开关引流线夹与导线接触良好，挂接前应清洁线路挂接点处的脏污和金属氧化物。

（4）在导线上挂接消弧开关或从导线上取下消弧开关前，应确认消弧开关处于开断位置，锁定栓完全插入黑色的锁体和复位钮内。

（5）消弧开关合闸后，应将锁定栓完全插入座体内并穿过黑色拉带。

（6）消弧开关在使用中应始终视为带电体，做好相应的绝缘遮蔽防护措施。

MK300A消弧开关是按最小维护量的长寿命设计。在正常操作情况下，电气触头系统和易耗件能提供约500次的分断操作。每隔半年，需按下列方法进行电气和机械操作的检查：

（1）检查消弧开关外部是否有凹痕、裂缝或其他形式的损坏。清洁消弧开关透明外壳只能用肥皂和水，不能使用溶剂来清洗工具外壳，否则可能导致出现裂纹。

（2）将消弧开关拉开至“开断”位置，检查黄色内管是否干净，是否有刮伤、电弧烧伤等。黄色内管脏污时，在电路中即使处于开断位置也可能在表面发生闪络，因此需要时应清洁黄色内管。

（3）检查黑色拉带，是否存在会引起断裂的裂痕等。

（4）目测检查上、下触头是否有严重的烧伤或磨损痕迹。

（5）对消弧开关进行关合操作，动作时应快速有力、稳定、干脆。

（6）在消弧开关关合位置下，用仪表测量工具的顶部触点和输出触点间是否导通。将拉带拉出约 50～75mm，用仪表测量工具顶部触点和输出触点间是否导通（内部弧触头应导通）。

（7）将拉带彻底拉出，把消弧开关锁定在开断位置，用仪表测量工具的顶部触点和输出触点间是否导通（外部触头和内部弧触头均应不导通）。

（8）检查锁定栓是否完好无损。

（9）消弧开关在结构上属非防水结构，如果工具受潮或淋雨，在使用前必须将工具内部完全干燥处理。

### 10. 钳形电流表的选择和使用

钳形电流表有高压、低压之分，高压钳形电流表带有绝缘操作柄，如图 3-13 所示。绝缘杆作业法应使用高压钳形电流表。虽然在绝缘斗臂车或绝缘平台上可以使用低压钳形电流表（绝缘斗臂车绝缘臂或绝缘平台作主绝缘保护用），但为提高作业安全，使作业人员在测量电流时与另两相带电设备或地电位构件之间保证有一定的距离，宜使用高压钳形电流表。图 3-13（b）所示的 HCL-9000 型钳形电流表为例简单说明其技术参数和使用要求。

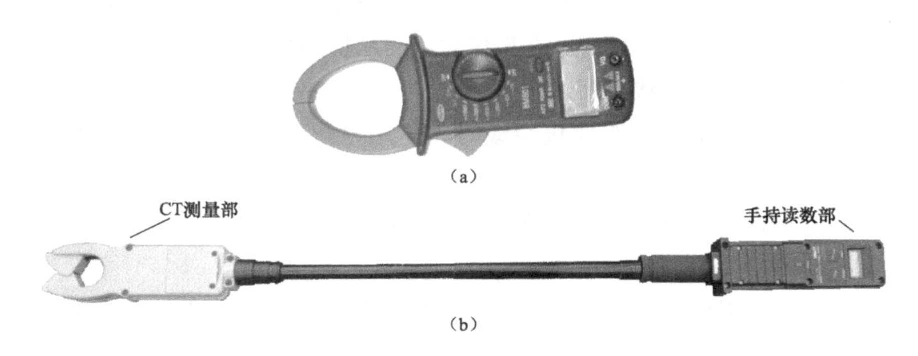


（a）

（b）

图 3-13　钳形电流表

（a）低压钳形电流表；（b）高压钳形电流表

HCL-9000 型钳形电流表适用的线路电压为 AC80V～23kV，TA 测量部和手持读数部之间为绝缘杆，通过红外线传输数据，实现完全绝缘；量程为 AC0～20A/600A，最小分辨率 0.01A；精度 0～400A±2.5%rdg±8dgt，400A～600A±3%rdg±8dgt；钳口直径 35mm；数据保持：[DH] 标志点灯、保持显示；电源：TA 测量部 UM-4×3（使用 3 节日制型号为 UM-4 的普通锌锰电池，即 3 节 7 号电池），手持读数部 UM-4×2。尺寸 70mm（W）×48mm（D）×550～1100mm（H）。

其中，±2.5%rdg±8dgt 是精度参数，要与测量值配合使用。如测量值为 100.00A，则

- 读数误差（±%rdg.）：100.00A±2.5%=±2.5A；
- 数值误差（±dgt.）：由于最小分辨率 0.01A，因此±8dgt=±0.08A；
- 合计误差：读数误差（±%rdg）+数值误差（±dgt）=±2.58A。

因此，对于测量值为 100.00A 的误差范围为 97.42～102.58A。

带电作业测量引线或架空线路电流应选择对应电压等级和合适量程的钳形电流表，宜在绝缘导线上测量，若为裸导线宜使用绝缘胶带缠绕保护钳形电流表钳口（绝缘杆作业法除外）。在测量时应戴绝缘手套。为保护钳形电流表并获取准确的读数，在测量时应从大到小依次切换量程。

**11. 采用消弧开关断、接空载电缆与架空线路连接引线时测量电流的节点与要求**

消弧开关的灭弧室虽然具有透明的玻壳，可以直接看到分、合闸的真实状态，但从安全的角度考虑，国家电网公司电缆不停电作业的相关标准参照变电站开关电器的操作要求，规定：在操作后，需从操动机构位置和电气量的互相印证上共同确认开关的状态。

断空载电缆与架空线路连接引线时，使用钳形电流表测量电流的节点与要求：

（1）进入带电作业区域后，测量空载电缆引线，空载电流 $I_0$ 不应大于 5A；

（2）在电缆引线与架空线断开点之间组装消弧开关与绝缘分流线组合的并联回路，合上消弧开关后，测量并联回路电流，判断分流情况，电流约为 $I_0/2$；

（3）拆除空载电缆与架空线路连接引线后，拆除消弧开关前，用绝缘操作杆拉开消弧开关，测量绝缘分流线上的电流应为 0。

接空载电缆与架空线路连接引线时，使用钳形电流表测量电流的节点与要求：

（1）在电缆引线与架空线搭接点之间组装消弧开关与绝缘分流线组合的并联回路，合上消弧开关后，测量并联回路电流，空载电流 $I_0$ 不应大于 5A；

（2）搭接电缆引线后，测量电缆引线电流，判断搭接工艺质量，电流约为$I_0/2$；

（3）拆除消弧开关前，用绝缘操作杆拉开消弧开关，测量绝缘分流线上的电流应为0。其中第（2）步由于引线的搭接情况是显而易见的，可以忽略。

### 12. 断、接避雷器引线时应使用绝缘操作杆

2013年5月，××供电公司带电作业班拟在10kV南湾××线25号杆更换避雷器。斗内电工进入带电作业区域后，用高压验电器对避雷器横担验电发现有电。经仔细检查后发现，避雷器组的接地引下线缺失。后用绝缘锁杆和绝缘断线剪断开避雷器引线，更换避雷器并加装引下线后重新用绝缘操作杆完成避雷器引线搭接步骤。避雷器长期运行在工作电压下，由于其内部非线性电阻长期通过泄漏电流而发生老化，因此规程规定应按照4～5年的周期进行轮换。为防止带电更换避雷器过程中，断引线时泄漏电流过大而拉弧，应用绝缘操作杆进行，以避免作业人员因串入电路而被电弧灼伤。当避雷器非线性电阻老化或接地引下线缺失，都可能使横担电位升高，因此本案例在作业前对横担验电具有较强的针对性，采取的措施是得当的。

# 第四章

# 更换绝缘子及横担

## 第一模块　绝缘杆作业法更换直线杆绝缘子及横担

### 第一单元　案　　例

2007年11月，某县供电公司带电作业班组在10kV长青032线张家兜分支线7号杆带电更换直线杆绝缘子。该杆塔C相针式绝缘子裙边破损。作业中采用绝缘杆作业法使用羊角绝缘抱杆的单边绝缘臂提升并支撑导线。杆上作业人员在安装新绝缘子时，由于羊角绝缘抱杆受力不均衡、安装不够牢固，抱杆向受力侧突然倾斜，C相导线下沉碰触到杆上作业人员手部。幸好杆上作业人员站位较低，且正确穿戴了绝缘披肩和绝缘手套，从而没有引发事故。

### 第二单元　案　例　分　析

早期的绝缘抱杆结构、工艺相对比较落后，案例中使用的羊角抱杆如图4-1所示。安装时将绝缘抱杆竖直朝上，两边相导线放在绝缘臂的线槽内，抱杆安装支座靠在电杆上，链条抱箍的链条穿入支座的孔内将抱杆绕在电杆上并收紧链条。这种型式的羊角绝缘抱杆用于更换两边相直线杆绝缘子，将边相导线的扎线剪断并拆除后，可用专用操作手柄操作丝杠抬升导线，导线抬升的高度为0.4m。

该绝缘抱杆在结构上有如下值得改进的地方：

(1) 绝缘臂丝杠的支撑点在其中间位置，支撑导线时导线向下作用的力臂明显比丝杠的大，也就是说丝杠支撑点受力较大。但绝缘臂为给丝杠提供支撑点，开挖了孔洞，作业时应力将集中在该点，长期使用后，孔洞处将有严重磨损导致扩径或产生细微裂痕，这限制了抱杆的支撑力。

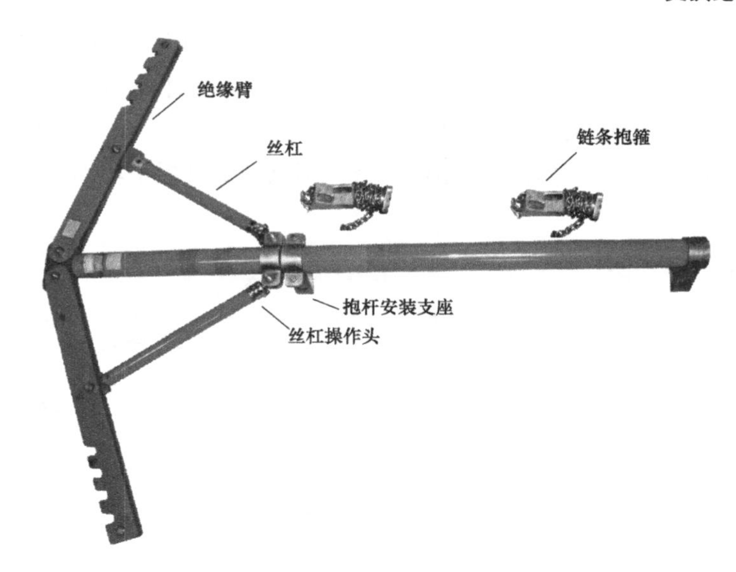


图 4-1　羊角绝缘抱杆

（2）链条抱箍的机构内部使用黄油作机械润滑，因长期存放的润滑油劣化而导致滴漏，影响其操作性能。

（3）丝杠既是操作机构又是承力机构，提升高度有限，最多只能提升0.4m，杆上作业人员的作业空间较小。

案例中突发情况的主要原因是：①由于链条抱箍库房存放环境不良（将链条抱箍当作金属工具，库房没有专门配备除湿控温设备，夏天室内温度高于40℃，湿度大于60%）且疏于保养造成。②在出库时没有充分检查链条抱箍的操作性能，现场检查时链条的展放和收缩不是很流畅、内部机构有卡涩现象。在电杆上安装后也没有进行适当的冲击试验，对链条抱箍的性能抱有一定的侥幸心理。③由于使用不当，羊角绝缘抱杆单边绝缘臂受力，使其整体受力不均衡。

应从以下几个方面进行改进，以提高作业的安全性：

（1）改善库房保管的条件，无论是抱杆的主要构件还是辅助器件均按照绝缘工器具管理，并按期进行预防性试验；

（2）加强出入库管理和现场管理，对羊角绝缘抱杆充分进行外表和操作性能的检查；

（3）在电杆上安装牢固后，进行试验；

（4）即使更换一相支持绝缘子，在提升单边侧导线的同时，应操作另一边绝缘臂使其受力，保证羊角绝缘抱杆整体受力均衡。

一种改进型绝缘抱杆如图 4-2 所示，作业示意图如图 4-3 所示（注：图中有违章现象，杆上作业人员应戴绝缘手套）。该绝缘抱杆的绝缘臂与主臂呈 T 字型，绝缘臂上有活动线槽，导线最大提升高度为 0.7m。丝杠操作机构处于抱杆下部，操作时杆上作业人员站位较低，用电动螺母扳手驱动。

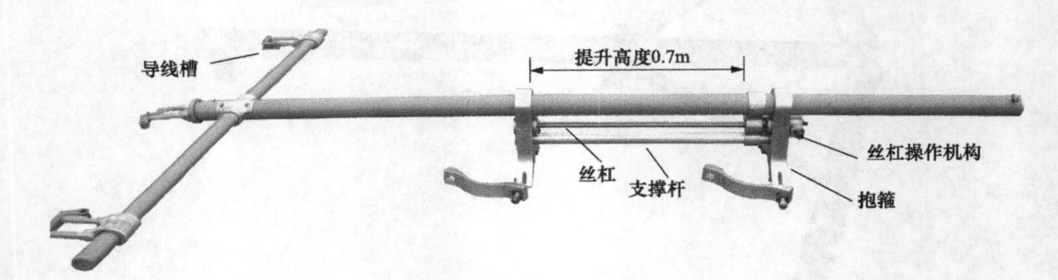


图 4-2　T 型绝缘抱杆

图 4-3　作业示意图

## 第三单元　相关知识点

### 1. 绝缘杆作业法更换直线杆绝缘子，扎线预绞丝固结导线的方法

绝缘杆作业法更换直线杆绝缘子，最繁琐耗时的环节就是拆、装导线的扎线。较为传统的方法是用带有尖嘴钳或斜口剪的绝缘操作杆拆除扎线，用带有

三齿耙的绝缘操作杆绑扎线。

以下介绍一种采用扎线预绞丝固结导线的方法。这种方法便捷高效，绑扎工艺美观，机械强度满足要求。需要的特殊工具有飞轮和绝缘操作杆，如图 4-4 和图 4-5 所示。材料如图 4-6 所示，绑扎扎线的流程如图 4-7 所示具体绑扎流程如下：

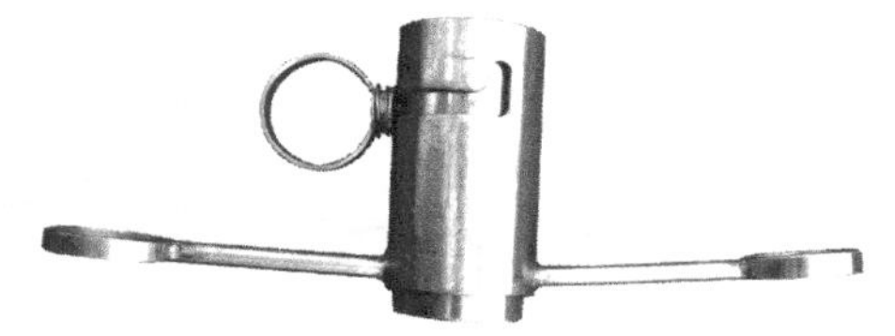

图 4-4　缠绕扎线预绞丝用的飞轮

图 4-5　绑扎扎线预绞丝用的绝缘操作杆

（1）将扎线预绞丝预先缠绕在支持绝缘子颈槽内。

（2）安装支持绝缘子。注意：支持绝缘子底脚螺栓放入铁横担螺孔时应控制扎线预绞丝仰角，以保证与导线之间的距离。

（3）操作绝缘抱杆的丝杠，降低绝缘臂，将导线放入支持绝缘子线槽内。

（4）用操作杆将飞轮挂在导线上，封闭开口后推向并紧靠绝缘子。

（5）杆上两名作业人员配合，交替用绝缘操作杆旋转飞轮，用飞轮的两翼将扎线预绞丝缠绕在导线上。拆扎线时，只需用操作杆顶开预绞丝尾部，可避免高空落物。虽然拆扎线比较便捷，但由于导线风力荷载等主要作用于支持绝缘子顶槽处，机械强度能满足要求。为保证作业的安全，铁横担及支持绝缘子根部应用“横担—绝缘子组合遮蔽罩”进行遮蔽。

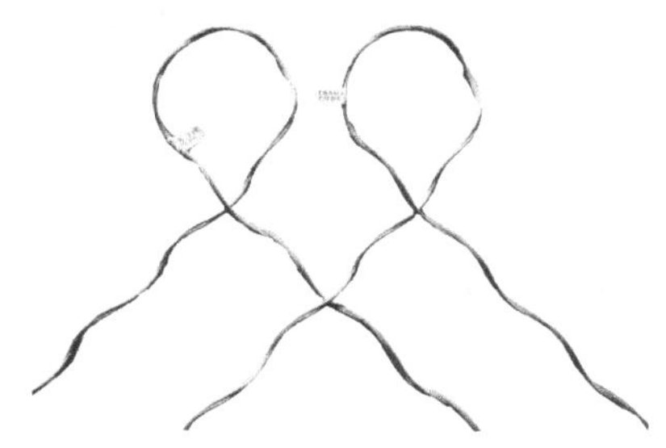

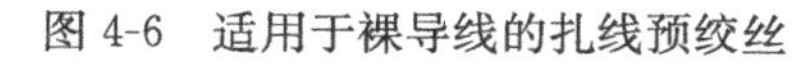

图 4-6　适用于裸导线的扎线预绞丝

图 4-7　扎线预绞丝绑扎导线操作示意图

### 2. 提升导线时绝缘抱杆受力情况分析

提升导线时，绝缘抱杆承受的是导线产生的垂直荷载，提升的高度越高，垂直荷载越大，这对绝缘抱杆的机械强度提出了要求。垂直荷载是由垂直档距内导线的重量产生的，示意图如图 4-8 所示。垂直档距 $l_v$ 为

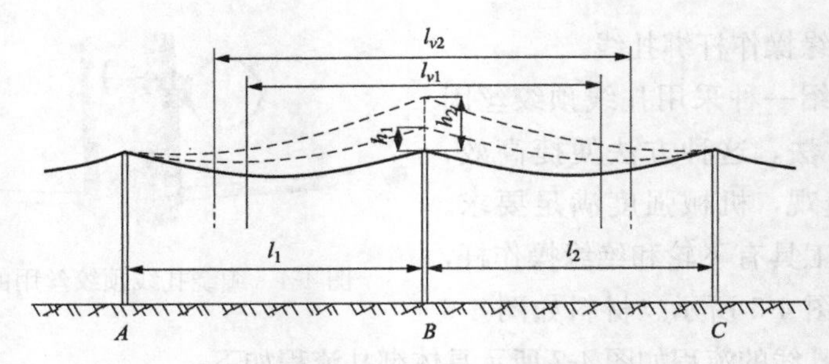


图 4-8　导线垂直荷载计算示意图

$$l_v = \frac{l_1 + l_2}{2} + \frac{\sigma_0}{g_1}\left(\pm\frac{h_1}{l_1} \pm \frac{h_2}{l_2}\right) \tag{4-1}$$

式中　$l_1$、$l_2$——作业电杆与相邻电杆之间的档距，m；

$h_1$、$h_2$——悬点高差，m；

$\sigma_0$——计算气象条件时导线的水平应力，MPa；

$g_1$——导线的垂直比载，$g_1 = \frac{9.8G_0}{A} \times 10^{-3}$，N/m・mm²；

$G_0$——导线的单位计算质量，kg/km；

$A$——导线的实际截面积，mm²。

式中正负号的选取原则是，以计算杆塔导线悬点高为基准，分别观测前后两侧导线悬点，如对方悬点低则取正，反之取负。导线传递给绝缘抱杆的荷载 $P$ 为

$$P = g_s A l_v \tag{4-2}$$

式中　$g_s$——考虑风力荷载 $g_4$ 时的综合比载，$g_s = \sqrt{g_1{}^2 + g_4{}^2}$，$g_4 = \frac{0.6125\alpha C d v^2}{S} \times 10^{-3}$，N/m・mm²；

$\alpha$——风速不均匀系数，20m/s 以下取 1.0；

$C$——风载体系数，当导线直径 $d$<17mm² 时取 1.2，反之取 1.1；

$v$——风速，m/s；

$d$——导线直径，mm；

$S$——导线的截面积，mm²。

Q/GDW 1799.2—2013《国家电网公司电力安全工作规程线路部分》规定了带电作业时风力不大于 5 级，即 10.5m/s，虽然没有规定气温的条件，但从作业安全性、便利性等因素考虑，假设带电作业最低气温为－5℃、最高气温为＋35℃。－5℃时导线的弧垂小于最高气温＋35℃时，水平应力更大，提升导线时传递给绝缘抱杆的垂直荷载更大。为简化计算，用导线最低点最大允许

应力 $[\sigma_{max}]$ 代替 $\sigma_0$，单位 MPa，因此

$$\sigma_0 = [\sigma_{max}] = \frac{T_{cal}}{2.5S}$$

式中 $T_{cal}$——导线的计算拉断力，N；

$S$——计算截面积，$mm^2$，为简化计算用标称截面积代替；

2.5——导线最小安全系数。

下面计算表 4-1 中四种常用的 10kV 架空导线在带电更换直线杆绝缘子时，绝缘抱杆受到的作用力。

**表 4-1　　四种常用的 10kV 架空导线型号规格及机械参数**

| 序号 | 型号规格 | 导体外径（mm） | 电缆外径（mm） | 计算质量（kg/km） | 导体计算拉断力（≥N） |
|---|---|---|---|---|---|
| 1 | LGJ-185/25 | 18.90 | — | 706.1 | 59420 |
| 2 | LGJ-240/30 | 21.60 | — | 922.2 | 73000 |
| 3 | JKLYJ-185 | 16.20 | 24.60 | 761.9 | 26732 |
| 4 | JKLYJ-240 | 18.40 | 26.80 | 946.1 | 34679 |

这四种架空导线的垂直比载、风力荷载、整合比载及水平应力计算所得数据，见表 4-2。

**表 4-2　　四种常用的 10kV 架空导线比载和水平应力计算表**

| 序号 | 型号规格 | $g_1$[N/(m·mm²)] | $g_4$[N/(m·mm²)] | $g_s$[N/(m·mm²)] | $\sigma_0$(MPa) |
|---|---|---|---|---|---|
| 1 | LGJ-185/25 | 0.037404 | 0.007589 | 0.038166 | 128.48 |
| 2 | LGJ-240/30 | 0.037657 | 0.006685 | 0.038245 | 121.67 |
| 3 | JKLYJ-185 | 0.04036 | 0.009877 | 0.041551 | 57.80 |
| 4 | JKLYJ-240 | 0.038632 | 0.008295 | 0.039513 | 57.80 |

假设图 4-8 中计算杆塔与两侧杆塔等高，裸导线 $l_1=l_2=100$m，绝缘架空导线 $l_1=l_2=50$m。带电更换直线杆绝缘子，设置好绝缘遮蔽措施的导线提升高度不小于 0.4m。为便于计算，这里主要计算提升 0.4m 和 1.0m 两种高度时绝缘抱杆受到的荷载，见表 4-3。

**表 4-3　　四种常用的 10kV 架空导线在提升 0.4m 和 1.0m 时的垂直档距和绝缘抱杆所受荷载**

| 序号 | 型号规格 | 提升 0.4m | | | 提升 1.0m | | |
|---|---|---|---|---|---|---|---|
| | | $l_v$(m) | $P$(N) | $P_1$(N) | $l_v$(m) | $P$(N) | $P_1$(N) |
| 1 | LGJ-185/25 | 127.48 | 900.09 | 882.12 | 168.70 | 1191.12 | 1167.34 |
| 2 | LGJ-240/30 | 125.85 | 1155.14 | 1137.36 | 164.62 | 1511.02 | 1487.76 |
| 3 | JKLYJ-185 | 72.91 | 560.48 | 544.42 | 107.28 | 824.68 | 801.04 |
| 4 | JKLYJ-240 | 73.94 | 701.16 | 685.53 | 109.84 | 1041.66 | 1018.45 |

表 4-3 中，$P$ 为绝缘抱杆所受由风力和导线自重综合作用下的荷载，$P_1$ 为导线自重产生的垂直荷载。夏天气温较高时，由于热胀冷缩，导线的弧垂增大，绝缘

抱杆提升导线时所受荷载相对较小。表中绝缘导线的档距较小，被提升1m时，垂直档距大于两侧档距和，两侧电杆的扎线对其产生下压力，即作业点绝缘抱杆受力大于表中计算值。实际工作中，绝缘抱杆受力与被支撑导线的根数有关，如图4-3中绝缘抱杆受到三相导线的作用力，因此绝缘抱杆机械强度的校核也应调整。

对于小吊法更换直线杆绝缘子，上述计算方法同样适用于校验绝缘小吊的起吊能力。

### 3. 绝缘抱杆的机械电气强度要求

绝缘抱杆是绝缘杆作业法更换直线杆绝缘子和横担的承力工具，在作业中承担提升1～3根导线的载荷，并起到相间、相对地之间的绝缘作用，应同时考虑绝缘抱杆的机械强度和绝缘强度。参照绝缘支、拉、吊杆预防性试验要求，绝缘抱杆的有效绝缘长度不应小于0.4m，固定部分长度不小于0.6m，活动部分长度不小于0.5m。

绝缘抱杆的预防性试验内容和标准如下：

(1) 外观及尺寸检查。金属配件与空心管、泡沫填充管、实心棒、绝缘板的连接应牢固，使用时应灵活方便。绝缘件表面应光滑，无气泡、皱纹、开裂；玻璃纤维布与树脂间黏接完好，没有开胶现象；杆段间连接牢固。

(2) 2年1次的机械试验。绝缘抱杆的额定工作能力不应小于4900N，单侧额定工作能力不小于1650N。静负载试验为在1.2倍额定工作能力下持续1min，绝缘抱杆无明显沉降、变形和损伤。动负载试验为在1倍额定工作能力下操作3次（升降一个循环为一次），机构动作灵活、无卡住现象。

(3) 短时工频耐压试验。按照试验长度0.4m、1min工频耐受电压45kV的标准，以无击穿、无闪络及无明显发热为合格。

# 第二模块　绝缘手套作业法更换直线杆绝缘子及横担

## 第一单元　案　　例

2004年11月，某供电公司对新组建的配电带电作业班组进行验收。验收内容包括在模拟线路上演示绝缘手套作业法断、接跌落式熔断器上引线和更换直线杆绝缘子。该班组用采用小吊法（见图4-9）将导线提升至离支柱绝缘子线槽大于等于0.4m后，利用空气作为带电导线对地之间的主绝缘，进行绝缘子的更换工作。模拟线路铁横担为∠63mm×6mm×1500mm，导线为三角排列方式，直线绝缘子型号为PS-15。由于两边相导线之间的间距较小，不利于绝缘斗臂车工作斗选择合适的作业位置，在顺利更换完两边相直线绝缘子后，将绝缘斗停位在内边相导线上方更换中间相直线绝缘子，如图4-10所示。从图中可知，此时工作斗内作业人员虽然能较轻易地拆除导线的扎线，但必须俯下身才能拆卸绝缘子的底脚螺母。在项目演示中，工作人员为了够到绝缘子的底脚螺母，在斗内放了垫板，但由于垫板滑动，工作人员差点从工作斗内跌出。

图4-9　小吊法更换直线杆绝缘子

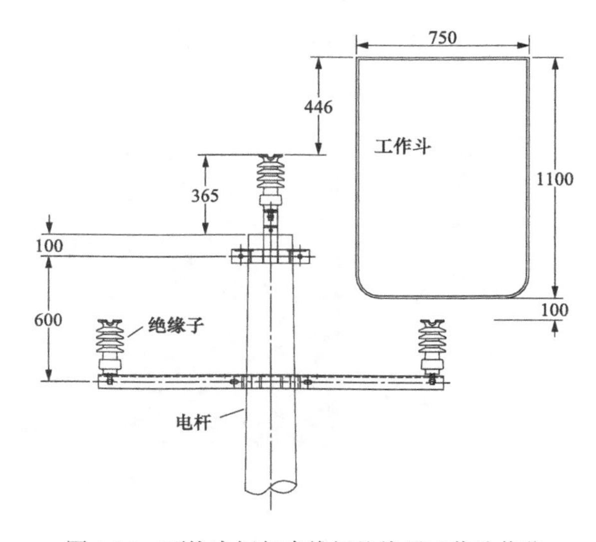


图4-10　更换中间相直线杆绝缘子工作斗停位

## 第二单元 案 例 分 析

本案例反映出小吊法的局限性，也反映出作业人员的违章情况，即绝缘斗内不应垫放垫块、小凳等物件。

小吊法的优点是无需专用装备；缺点是绝缘小吊在作业中是单提线装置，没有后备保护。特别是大档距、粗线径的导线，在冬季线路弧垂比较小的情况下，应密切注意绝缘小吊的受力情况（绝缘小吊的起吊能力还与其角度有关）。为保证作业安全，个别单位在作业规范中要求导线提升 1.0m，由地面人员登杆更换绝缘子，这将进一步提高了对绝缘小吊起吊能力以及杆上电工安全保护等方面的要求。在更换中间相绝缘子时，由于绝缘斗臂车的绝缘臂被绝缘小吊限定了位置，失去了工作灵活性。

更换直线杆绝缘子应结合现场装置、地形地貌及工器具装备情况，选择合适的作业方式。其他的作业方式有支杆法或临时绝缘横担法、铁横担法等。

## 第三单元 相 关 知 识 点

### 1. 使用绝缘斗臂车绝缘手套作业法更换直线支持绝缘子的方法

（1）支杆法或绝缘横担法。如图 4-11 所示，用支杆或绝缘横担作为主绝缘保护和承受导线张力的载体，作业中能将绝缘斗臂车解放出来。导线从绝缘子转移至绝缘横担时，应用绝缘小吊或其他措施作为后备保护。

图 4-11　支杆法更换直线杆绝缘子

（2）铁横担法。如图 4-12 所示，利用原铁横担作为导线临时支撑固定的载体，有足够的机械强度，方便快捷，绝缘斗臂车机动灵活。铁横担需用横担遮蔽罩进行遮蔽，导线需用导线绝缘遮蔽罩以及绝缘包毯等进行遮蔽防护，即导线与铁横担之间应有 3 重辅助绝缘，并且导线搁置在横担上时，导线上的绝缘遮蔽罩开口应朝向外侧。导线从绝缘子转移至铁横担时，应用绝缘小吊或其他措施作为后备保护。该方法在更换杆顶直线杆绝缘子时，应对电杆、杆顶支架等地电位构件进行严密遮蔽隔离。

图 4-12　铁横担法更换直线杆绝缘子

（3）临时绝缘子。为弥补铁横担法导线与铁横担之间无主绝缘保护的缺点，2011 年某带电作业班组在班组质量管理控制活动中开发了临时绝缘子。临时绝缘子由导线槽、复合支柱绝缘子和横担卡槽三个部件组成，如图 4-13 所示。使用方法为：

（1）设置导线、支持绝缘子扎线的绝缘遮蔽隔离措施；

（2）安装临时绝缘子（将临时绝缘子的横担卡槽扣入铁横担角铁，旋紧横担卡槽的紧固螺栓）；

（3）补强和完善支持绝缘子、临时绝缘子铁脚、铁横担的绝缘遮蔽隔离措施；

（4）放下绝缘斗臂车绝缘小吊绳，用绝缘绳套和吊钩控制住导线并操作绝缘小吊使导线轻微受力；

（5）拆除导线上的扎线，恢复绝缘遮蔽隔离措施；

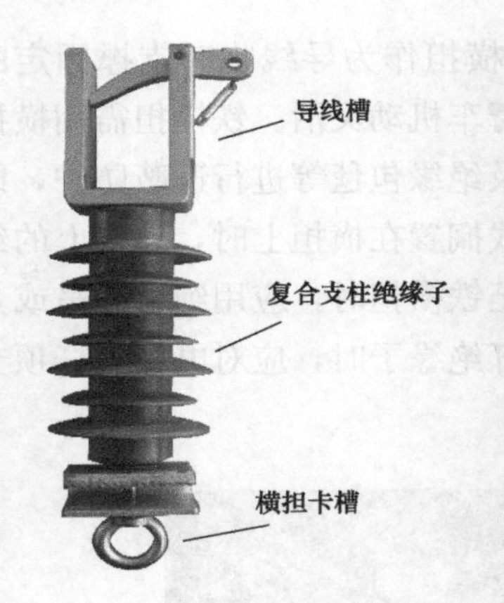

图 4-13　临时绝缘子及现场使用示意图

（6）将导线转移至临时绝缘子导线槽；

（7）更换支持绝缘子。

该班组开发的临时绝缘子在 45kV/min 工频耐压试验中无击穿、闪络和明显发热现象，经 480N/min 的轴向压力试验无损伤（超过 482N，弯曲度逐渐加剧，力值无明显上升。如取 3 倍的安全系数，则其额定承载能力将只有 160N），拉升及弯曲破坏负荷均为 1600N。复合支柱绝缘子在运输、使用中可避免外力带来的损伤，但机械强度较欠缺，如导线线径较粗、档距较大时，导线的垂直荷载可能超过其机械强度。按照 DL/T 5220—2005《10kV 及以下架空配电线路设计技术规程》，裸导线的水平档距在空旷处为 60～100m。在此假设作业线路导线为 LGJ-185/25（计算质量为 706.1kg/km）、作业电杆与两侧电杆等高、档距为 80m 时，则垂直档距为 80m，临时绝缘子所受垂直载荷为 554N，超出其承载能力。因此，该临时绝缘子应进一步改进，提高其机械强度。

**2. 绝缘横担的使用方法**

在此介绍一种车载式绝缘横担，该种绝缘横担由绝缘小吊臂改装，用于直线绝缘子或横担更换作业时支撑电线。它由 3 个四面碳子、小吊臂、临时横担、工作臂头四个部件组成。当小吊臂和工作臂头组装使用时可用来单独支撑一相导线，如图 4-11 所示。其局限性是只能用在杭州爱知特种工程车辆有限公司生产的绝缘斗臂车上。

（1）安装。将小吊提升到最高（升降角 0°）。解除锁定，将工作臂侧面的小吊臂、临时横担、绝缘杆取出，如图 4-14 所示。从工具箱中取出临时横担用的工作臂头和四面碗子。操作小吊下降，将小吊绝缘缆绳轻轻松开后，卸下小吊挂钩。卸下吊环螺母，将小吊臂插入小吊臂支架后，用长度调整销固定。从小吊臂的后端插入螺栓，用吊环螺母固定。从小吊臂前端卸下小吊用的臂头，牢靠地安装临时横担用臂头（固定螺栓是两用的）。在临时横担用臂头上安装临时横担。在临时横担上安装四面碗子，四面碗子应在临时横担中央及左右两端均匀分布固定。解除小吊绝缘缆绳前端的吊钩，将 U 形钩挂在小吊臂后端的吊环螺母上，用螺钉固定小吊绝缘缆绳和 U 形钩，螺钉要牢靠拧紧，如图 4-15 所示。最后，缓慢地将小吊臂提升到垂直位置。

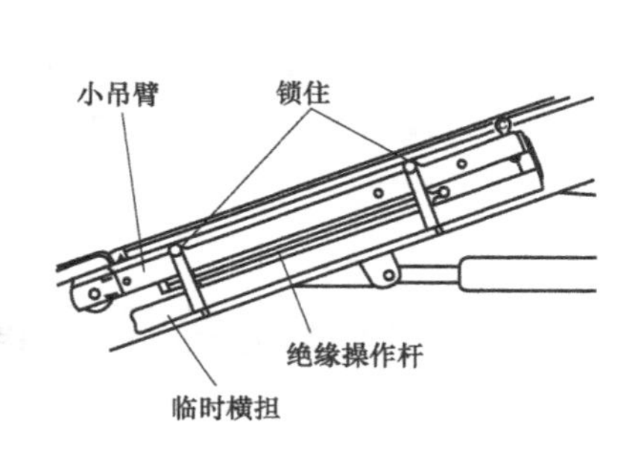


图 4-14　未组装固定在绝缘斗臂车工作臂侧面的临时横担组件

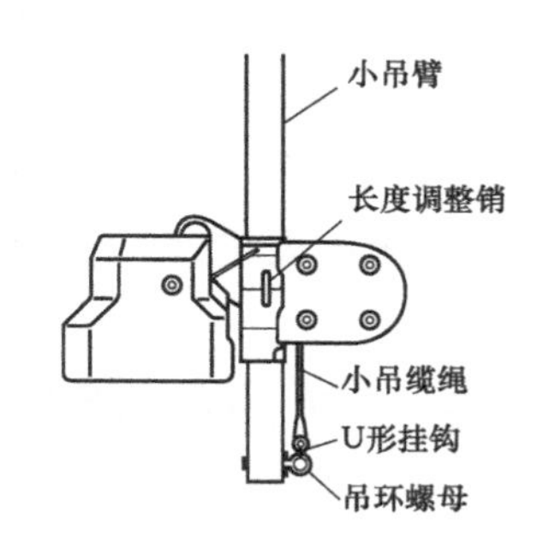


图 4-15　临时横担在小吊臂支架上的固定

临时横担安装作业完成后，按照相反的顺序，将小吊、临时横担及小吊臂收回规定的位置。

（2）操作。将小吊操作手柄往“升”侧扳，轻轻地使小吊缆绳拉直，拔出长度调整销。使用绝缘操作杆将 3 个四面碗子打开，如图 4-16（a）所示。将工作臂移动至 3 个四面碗子支撑电线的位置。用小吊将小吊臂推上，使电线进

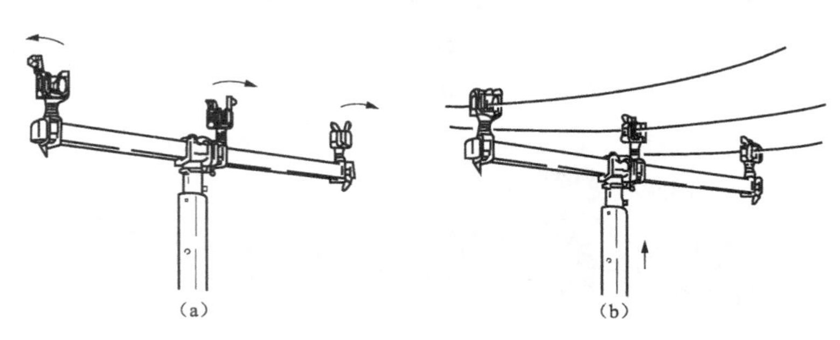


图 4-16　临时横担操作示意图

（a）四面碗子处于开口状态；（b）四面碗子关闭，提升导线

入各自四面磙子中，再用绝缘操作杆将四面磙子关闭，如图 4-16（b）所示。使用小吊将电线往上提升支撑导线。最后，用长度调整销固定小吊臂。

（3）使用中的注意事项。不能用工作臂“升”“降”操作往上举或向下拉电线，否则有可能使车辆翻倒或臂架、小吊破损。不能使用临时横担往下拉电线，否则有可能使车辆翻倒或臂架、小吊破损。导线被提升支撑后，应用长度调整销进行固定以增加稳定性，避免小吊绝缘缆绳因长期受力，导致机械强度下降而产生断裂的危险。

（4）绝缘吊臂、绝缘横担的耐压检测检测方法。用两条宽约 50mm 以下的锡箔平行绕贴在绝缘吊臂（绝缘横担）上，两电极的间距为 400mm，一端电极施加电压，另一端电极接地，加压电极离地面及建筑物大于 1000mm。预防性试验要求为 45kV/min，应无电火花或击穿现象发生；出厂试验要求为 100kV/min，应无电火花或击穿现象发生。

# 第三模块　绝缘手套作业法更换耐张绝缘子及横担

## 第一单元　案　　例

2006 年 6 月，××供电公司配电运维班在线路巡视时发现 110kV××变电站出线 10kV××线 17 号耐张杆负荷侧 C 相有一片绝缘子（靠近导线侧）发生自爆，绝缘子型号为 LXY1-70。工区下达工作计划由带电作业班组带电更换。带电作业班长刘××根据现场勘察记录制定好作业方案后，带领班组成员到达现场采用绝缘斗臂车绝缘手套作业法对作业相按照“先带电体、再地电位构件”的顺序对导线、过引线、耐张绝缘子串及横担等设置了绝缘遮蔽隔离措施，如图 4-17 所示。用扁带式绝缘紧线器和绝缘绳套紧线并安装好后备保护措施后，成功更换了耐张绝缘子串，如图 4-18 所示。

图 4-17　更换耐张绝缘子遮蔽效果

图 4-18 拆除耐张绝缘子串后的效果

## 第二单元 案例分析

从案例图示可以看出，绝缘遮蔽设置顺序正确、隔离措施严密得当，保证了作业的安全实施，反映出班组成员较好的技术素质。但从图中可以看出，为避免导线逃线的后备保护措施设置不妥当。后备保护通常由绝缘绳套、导线卡线器等组成。后备保护措施的设置时机不正确。后备保护措施应在紧线后、绝缘子串还未与导线脱离前设置。在绝缘子串脱离导线后作为扁带式绝缘紧线器的后备，后备保护措施应收紧并轻微受力。如图 4-18 所示，后备保护用的绝缘绳套明显下挂松弛，如紧线器故障发生逃线时，后备保护措施受到的冲击拉力可能超过其额定工作能力。

在对耐张绝缘子串设置绝缘遮蔽隔离措施时，应充分注意绝缘遮蔽用具的清洁干燥和工作人员的技术动作。本案例中一片玻璃绝缘子已自爆，由余下的绝缘子承担相对地之间的工作电压。如选用的绝缘遮蔽用具表面脏污潮湿，表面上对绝缘子串进行了绝缘遮蔽，实际上短接了绝缘子的泄漏距离，增大了导线与横担之间的泄漏电流。

## 第三单元 相关知识点

### 1. 更换耐张绝缘子串，导线过牵引时绝缘紧线器受力情况分析

在带电更换 10kV 架空线路耐张绝缘子时，必须用到绝缘紧线器、绝缘绳套或绝缘拉杆等将导线收紧。常用的有日本产 NGKN-1500R 绝缘紧线器，其绝缘带为多元酯织带，如图 4-19 所示。

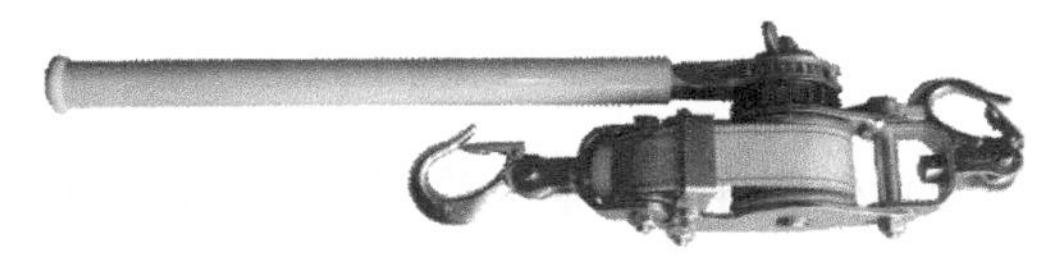

图 4-19 扁带式绝缘紧线器

NGKN-1500R 绝缘紧线器的主要技术参数见表 4-4。

表 4-4　日制扁带式紧线器技术参数

| 型号 | 工作能力（kN） | 绝缘带规格（mm×mm） | 收缩长（mm） | 扬程（mm） | 操作杆长度（mm） | 质量（kg） |
|---|---|---|---|---|---|---|
| N-1500R | 15 | 2×40 | 450 | 850 | 500 | 4.5 |

扁带式绝缘紧线器以及组合使用的绝缘绳套或绝缘拉杆，其额定工作能力均为 15kN。在过牵引过程中，应同时关注绝缘紧线器和导线的应力是否会超过其工作能力，防止逃线以及由此引发外力打击和触电事故。以下按照扁带式绝缘紧线器的额定工作能力和导线最大许用水平应力两种情况，分别求取带电更换耐张绝缘子串时的最大牵引量，取较小的那个数值作为最大安全牵引量。只要不超过最大安全牵引量，作业应是安全的。导线线长为

$$l = L + \frac{8f^2}{3L} \quad \text{(m)}$$

式中　$f$——导线弧垂，单位 m，在连续档内就是代表档距的弧垂，也可以实测测出；

$L$——档距，单位 m，在孤立档就是孤立档的档距，在连续档内就是代表档距。

（1）根据扁带式绝缘紧线器的额定工作能力折算到导线截面积下的应力 $\sigma_j$，计算导线的最大牵引量。折算后的应力 $\sigma_j$ 为

$$\sigma_j = \frac{F_N}{S} = \frac{15000}{S} \quad \text{(MPa)}$$

式中　$F_N$——扁带式绝缘紧线器的额定工作能力，N；

$S$——导线的截面积，$mm^2$。

绝缘紧线器受力达到其额定工作能力时，导线的弧垂 $f'$ 等于

$$f' = \frac{L^2 g_1}{8\sigma_j} \quad \text{(m)}$$

式中　$g_1$——导线的垂直比载，$N/(m \cdot mm^2)$。此时导线线长 $l'$ 为

$$l' = L + \frac{8f'^2}{3L} = L + \frac{L^3 g_1^2}{24\sigma_j^2} \quad \text{(m)}$$

导线最大牵引量 $\Delta l$ 等于

$$\Delta l = l - l' = \frac{8f^2}{3L} - \frac{L^3 g_1^2}{24\sigma_j^2}$$

（2）根据导线的最大许用应力 $\sigma_{max}$，计算导线的最大牵引量

$$\Delta l' = l - l' = \frac{8f^2}{3L} - \frac{L^3 g_1^2}{24\sigma_{max}^2}$$

**例**：现有 LGJ-185/25、LGJ-240/30 两种裸导线，假设代表档距为 100m，观测弧垂为 2.2m，计算带电更换耐张绝缘子串时的最大安全牵引量。计算结果见表 4-5。

**表 4-5　　两种裸导线过牵引计算表**

| 序号 | 型号规格 | $g_1$[N/(m·mm$^2$)] | $\sigma_{max}$(MPa) | $\sigma_j$(MPa) | $\Delta l'$(m) | $\Delta l$(m) |
|---|---|---|---|---|---|---|
| 1 | LGJ-185/25 | 0.037404 | 128.476 | 81.081 | 0.13 | 0.12 |
| 2 | LGJ-240/30 | 0.037657 | 121.667 | 62.500 | 0.13 | 0.11 |

从表 4-5 中可得最大安全牵引量分别为 0.12m 和 0.11m。

有 JKLYJ-185、JKLYJ-240 两种绝缘架空导线，假设代表档距为 50m，观测弧垂为 1.5m，计算带电更换耐张绝缘子串时的最大安全牵引量。计算结果见表 4-6。

**表 4-6　　两种绝缘架空导线过牵引计算表**

| 序号 | 型号规格 | $g_1$[N/(m·mm$^2$)] | $\sigma_{max}$(MPa) | $\sigma_j$(MPa) | $\Delta l'$(m) | $\Delta l$(m) |
|---|---|---|---|---|---|---|
| 1 | JKLYJ-185 | 0.04036 | 57.799 | 81.081 | 0.12 | 0.12 |
| 2 | JKLYJ-240 | 0.038632 | 57.798 | 62.500 | 0.12 | 0.12 |

表 4-6 中，$\Delta l'$、$\Delta l$ 数值几乎没有相差，两种不同绝缘架空导线在假设条件下的最大安全牵引量分别为 0.12m 和 0.12m。

## 2. 绝缘紧线器须与绝缘拉杆或绝缘绳套组合使用

在更换耐张绝缘子串时，应有绝缘有效长度不小于 0.4m 的承力工具来代替耐张绝缘子串承受相线对地之间的工作电压和导线的张力。而绝缘紧线器由于绝缘扁带展放长度不够、安装位置不合理以及紧线时过牵引太长等因素，收紧后导线后绝缘扁带有效绝缘长度达不到 0.4m 的要求，因此必须串联一件能保证有效绝缘长度不小于 0.4m 的绝缘承力工具，如图 4-20 所示的绝缘拉杆或绝缘绳套等。

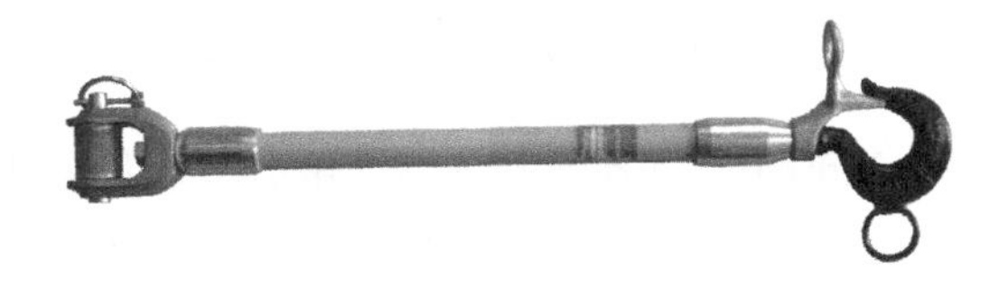

图 4-20　绝缘拉杆

绝缘拉杆的额定工作负荷与扁带式绝缘紧线器相同，为 15000N。绝缘绳套应选用规格为 GJS-14 及以上的高机械强度绝缘绳索。GJS-14 的断裂强度不小于 40.0kN，按照安全系数为 2.5 倍考虑，则其额定工作负荷为 16kN，与扁带式绝缘紧线器基本一致。

# 第五章

# 复杂架空线路带电作业项目

## 第一模块 更换柱上开关设备

### 第一单元 案 例

2013年7月，某县级供电公司带电作业班在现场带负荷更换用户分界断路器。该断路器出线套管绝缘损伤，由于没有备件而带病运行将近一月。作业前，由运行部门提前闭锁了断路器的跳闸回路，带电作业班组和运行单位共同到现场进行了复勘确认。作业当日，天气晴好。带电作业班组采取用绝缘分流线短接设备的方式带负荷更换该断路器。在断路器一侧中间相架空线上挂接好绝缘分流线，转移至另一侧。就在绝缘分流线引流线夹接触架空导线的瞬间，断路器突然自动跳闸。为判断跳闸原因，作业人员与运行人员一起到负荷侧检查设备并无过载造成的短路故障。用钳形电流表测量已接通的绝缘分流线上的电流约为0.3A。现场工作负责人认为断路器负荷侧为空载状态，可以继续工作，向工作票签发人汇报未获得批准而终止了作业。最后该项工作在线路停电后完成。

### 第二单元 案 例 分 析

本案例暴露出两个问题：①运行人员不了解分界断路器的保护动作原理，没有真正闭锁跳闸回路；②带电作业人员对配电网系统接线和运行不够熟悉，对现场事故判断有误。

如果该用户分界断路器的跳闸回路被闭锁，当断路器负荷侧发生短路事故时，应是该断路器的上级断路器动作。由图5-1（b）可知，用户分界断路器具有过电流保护和零序电流保护装置，在用户侧发生相间短路和单相接地时，断路器都会按照设定的方式跳闸，从而将用户侧的故障与系统隔离开来。用户分界断路器在中间相绝缘分流线被短接时，中间相一部分负载电流被瞬间转移，零序电流互感器检测到三相不平衡电流，将其送入控制器进行分析，然后输出分闸信号使其跳闸，因此在负荷侧进行检查时未能检查出故障设备。此时，中间相绝缘分流线上流过的是负荷侧三相线路及设备对地空载电容电流，因此电流很小。如果继续作业，用绝缘分流线短接第二相，将会接通负荷侧变压器两相绕组，就是带负荷接引线，因此工作票签发人终止了作业。

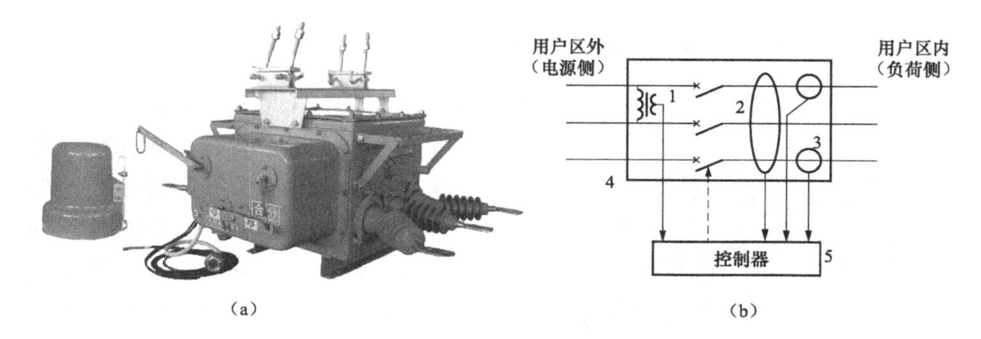


图 5-1　用户分界断路器及其二次接线示意图

（a）外观图；（b）二次接线示意图

1—电压互感器；2—零序电流互感器；3—电流互感器；

4—断路器本体；5—微机信号采样及保护控制器

## 第三单元　相关知识点

### 1. 柱上开关设备的电气文字符号

常见的 10kV 柱上开关设备有断路器、重合器、柱上隔离式负荷刀闸、负荷开关、分段器、用户分界开关、隔离开关、跌落式熔断器等。各种开关设备的图形文字符号如图 5-2 所示，其中柱上隔离式负荷刀闸分段器和分段断路器的图形文字相同，重合器、用户分界断路器和断路器的图形文字相同。

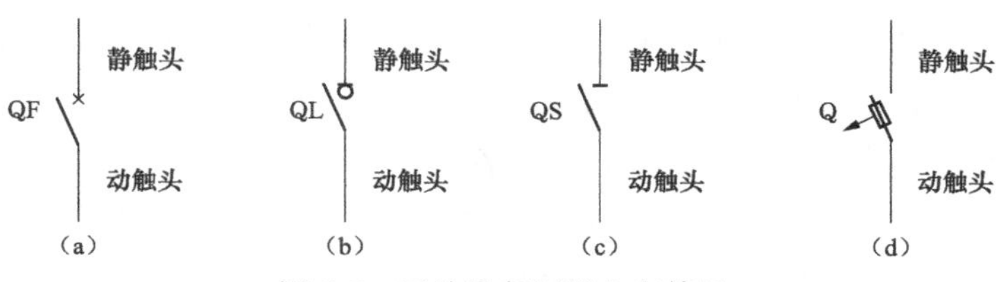


图 5-2　开关设备图形文字符号

（a）断路器、用户分界断路器；（b）分段器、隔离式负荷刀闸；（c）隔离开关；（d）跌落式熔断器

图形符号中，静触头图形表示开关设备的灭弧机构。灭弧机构性能不同，开关设备断开电流的能力不同。安装开关设备时，静触头装在电源侧，绘制电气接线图时要与实际一致。开关设备的文字符号不同于设备型号，它不是英语的缩略语，而是字母含义的组合。第一个字母“Q”表示电力高压开关器件；第二个字母表示类型，如“F”表示断路器、“L”表示负荷开关、“S”表示隔离开关。

**2. 柱上断路器、重合器的性能和作用**

柱上断路器俗称柱上开关，目前配电网中常见的柱上断路器按其灭弧介质可分为真空断路器和六氟化硫断路器。其动、静触头都密封在断路器内部，具有开断和接通短路电流的能力。断路器主要用于配电线路区间的分段投切、控制和保护，安装在线路的首端或大电流的分支线路。需在电源侧串联安装柱上隔离开关配合使用，也有断路器和隔离开关的组合电器，如图5-3所示，可以避免误操作的可能。

图5-3　ZW8-12型柱上户外真空断路器

真空断路器有箱式和柱式两种，额定电流为400A、630A，额定开断短路电流为12.5kA、16kA、20kA；额定电流开断10000次以上，额定开断短路电流开断次数30～50次，可频繁操作。$SF_6$断路器额定电流为400A、630A，额定开断短路电流一般为12.5kA；额定电流开断10000次以上，额定开断短路电流开断次数30～50次，适于频繁操作。国产断路器型号用拼音缩写与其他参数组合表示。如ZCW□-12/630-20，“Z”表示为真空断路器；“C”表示重合型；“W”表示安装地点为户外；“□”表示设计序列号；“12”代表额定电压12kV；“630”代表额定电流630A；“20”代表额定开断电流20kA。合资或外资产品，其型号通常用英文缩写或其他的定义方式。

柱上断路器为实现自动跳闸，需配置电流互感器检测电流。电流互感器一次额定电流一般比安装点可能出现的最大电流大2～3倍，并配置涌流延时器。如果电流互感器一次电流与安装点最大电流相同或相近，当线路合闸送电时配电线路中众多配电变压器的励磁涌流可能使断路器合闸不成功，大负荷启动电流的冲击以及负荷波动的影响都会造成无故障跳闸。电子涌流延时器时间整定0～5s可调，一般整定在0.05s以上。为提高供电可靠性，柱上断路器具备重合功能。正常运行时操作电源从安装在电源侧的电压互感器取得，线路故障时的操作电源从负荷侧的电流互感器获取，也可配备蓄电池作为后备操作电源。

国产柱上断路器的弹簧操动机构结构复杂，气密性差。电流互感器的二次电流按5A设计，有利于满足继电保护、遥测、计量的不同要求，无专用的操作控制箱。进口断路器采用三角板式弹簧操动机构，结构简单，大多密封在$SF_6$气体腔内，现场免维护。其电流互感器二次电流按1A设计，规格有600/1和1000/1两种，不配隔离开关，配有控制保护功能齐全的专用操作控制器。进口断路器多采用零表压下的$SF_6$气体绝缘，密封性能好，内部绝缘不受外部环境的影响。

重合器开关本体与断路器完全相同，区别在于控制器的功能上。断路器的控制器功能简单，仅具备控制和线路电流保护功能，其他功能靠馈线自动化单元（FTU）实现。而重合器的控制器除了具备断路器控制器的所有功能外，还具有3次以上的重合闸、多种特性曲线、相位判断、程序恢复、运行程序储存、自主判断、与自动化系统连接等功能。

### 3. 负荷开关、隔离式负荷刀闸的性能和作用

柱上负荷开关具有承载、分合额定电流能力，但不能开断短路电流，主要用于线路的分段和故障隔离，配备智能控制器就成为分段器。主要有采用真空和$SF_6$灭弧的真空、$SF_6$负荷开关，其外形和参数与真空、$SF_6$断路器相似，区别在于负荷开关不配备保护电流互感器。具有寿命长、免维护特点。额定电流开断次数10000次以上，适合于频繁操作。为减小检修时的停电范围，中压架空线路一般用负荷开关分成4～5段，需在电源侧串联柱上隔离开关配合使用。负荷开关的型号有FLW□-12/630-20，“F”表示负荷开关，“L”表示$SF_6$气体绝缘，“W”表示安装地点为户外，“□”表示设计序列号，“12”为额定电压12kV，“630”为额定电流630A，“20”表示最大短时耐受电流为20kA。

隔离式负荷刀闸又称产气式负荷开关，具有承载、分合额定电流能力，但不能开断短路电流，断开后具有明显断开点，主要用于线路的分段和故障隔离。产气式负荷开关灭弧罩需不定期维护，开断满负荷次数20次左右就需检查维修，不像真空、$SF_6$负荷开关可开断10000次以上，长期运行维护工作量

大。产气式负荷开关操动机构可分为挂钩式、引下操作杆式。引下操作杆式安装操作把柄时应加锁，锁具需不时更换和维护，运行不便。操作杆应离地2.5m以上，否则易受外力破坏。

### 4. 柱上隔离开关的性能和作用

柱上隔离开关主要用于检修设备或线路时隔离电源用，在分闸状态具有明显的断开点。有三极联动、单级操作两种形式，常见的多为单级操作形式。柱上隔离开关不能分断负荷电流，可开合励磁电流（空载电流）不超过2A的空载变压器（按照空载电流不超过变压器额定电流10%核算，变压器容量应小于等于315kVA）、电容电流不超过5A的空载线路。柱上隔离开关的操作寿命约为2000次。常见的型号如GW9-12/630，“G”表示隔离开关，“W”表示安装地点为户外，“9”表示设计序列号，“12”表示额定电压12kV，“630”表示额定电流630A。

### 5. 带负荷更换柱上断路器时闭锁跳闸回路的方法

带负荷更换柱上断路器，需短接设备，即组建一个与断路器并联的回路转移负荷电流。为防止在短接过程中，断路器负荷侧过负荷或发生短路事故引起断路器跳闸，而导致带负荷电流或短路电流短接设备，需闭锁其跳闸回路。怎样快速、安全地闭锁断路器的跳闸回路，需了解其继电保护的相关知识。

柱上断路器一般配置过电流保护装置，其原理接线如图5-4所示。电流互感器TA将一次额定电流变换为二次额定电流5A或1A，送入电流继电器KA（测量比较元件）。在正常运行时，由于负荷电流小于电流继电器的整定电流，电流继电器不动作，整套保护不动作。当被保护的线路发生短路后，线路中流过的短路电流一般是额定负荷电流的数十倍，电流互感器二次侧输出的电流线性增大，大于电流继电器预定的动作值（整定值，可调整），其输出启动时间继电器KT（逻辑部分）。经预定（可调整）的延时（逻辑运算）后，时间继电器的触点闭合启动中间继电器KM（执行输出）并使其触点闭合。当断路器QF处于合闸位置时，其辅助触点QF是闭合的。此时，跳闸回路被接通，断路器的跳闸线圈YR带电，同时使信号继电器KS发出动作信号。断路器脱扣机构在跳闸线圈YR电磁力的作用下释放，断路器在跳闸弹簧力$F$的作用下断开，故障设备被切除，短路电流消失，电流继电器返回，整套保护装置复归，做好下次动作的准备。

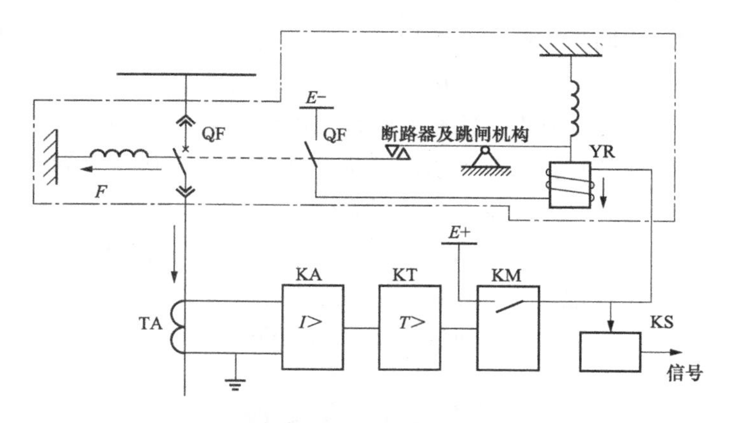


图 5-4　过电流保护原理图

从过电流保护装置的原理接线及动作过程可知，要闭锁断路器的跳闸回路，有三个途径：①短接电流继电器 KA（即短接电流互感器 TA 的二次端子。电流互感器二次侧不能开路，否则在二次侧将产生高达上万伏的过电压）。②拆除跳闸线圈二次回路引线。③拆除跳闸线圈。

闭锁运行中的柱上断路器跳闸回路，应由运行人员来完成，但在这个过程中，运行人员与带电导体（架空线路、开关两侧引线）的距离不满足 0.7m 的要求，需要使用带电作业工作票。运行人员没有带电作业的资质，需要由带电作业人员协助先做好带电导体的绝缘遮蔽防护并做好监护。这项工作，班组人员分工发生交叉，不利于专业化管理。

### 6. 带负荷更换柱上开关设备时短接设备的方式

带负荷更换柱上开关设备，应根据设备的作用和结构特点选择合适的短接方式。短接设备遵循的原则是尽量不改变系统的接线形式和运行保护方式，否则可能降低系统运行可靠性或者不利于调度部门、运维部门处理线路运行的异常情况或故障。

用绝缘分流线短接的开关设备有柱上隔离开关、负荷式隔离开关以及不具有自动功能的柱上（分段）负荷开关等。为避免开关操作引起的过电压影响带电作业安全，在作业中这类设备不能带负荷操作，均可看做硬连接的过渡引线。上级断路器虽然可能停用了自动重合闸装置，但为保护作业人员及线路、设备的安全，其自动跳闸功能还是保留的。这种短接设备的方式，只需 3 根 3～5m 长的绝缘分流线即可，但需要装备两辆绝缘斗臂车，以实现在开关两侧架空线路上“同相同步”挂接、拆除绝缘分流线引流线夹，如图 5-5 所示。在用绝缘分流线短接开关设备、搭接第一个引流线夹时，在与架空导线间会产生微弱的火花放电，这是对引流线充电的暂态过程引起的，挂接第二个引流线夹的过程是负荷电流的转移过程，引流线夹与架空导线搭接点之间的电压很小，不会发生空气击穿的电弧现象。随着引流线夹与架空导线之间的接触压力、接触面的增大，接触电阻变小，部分负荷电流从隔离开关迅速转移至绝缘分流线。拆除绝缘分流线过程与此相反。因此，“同相同步”的目的不是为了减小或消除引流线夹与架空导线之间的电弧。“同相同步”的原因有：

图 5-5　用绝缘分流线短接柱上隔离开关

（1）可避免牵引带电导体（即一端挂接在架空导线上的绝缘分流线）移动绝缘斗臂车绝缘斗，防止绝缘斗操控不当导致绝缘分流线失去控制，从而引发接地短路、相间短路或高压串入低压（高低压同杆架设时）事故；

（2）在监护人监护下，两辆绝缘斗臂车斗内的电工到达指定工作相，避免不同相搭接引起的相间短路事故。

另一种方案是，可以用 1 台旁路负荷开关和 2 组旁路高压引下电缆组成旁路回路来短接柱上断路器、具有配网自动化保护功能的柱上分段开关、用户分界开关等。在组装和拆除该旁路回路时，应确保旁路负荷开关处于分闸位置。这种方式无需闭锁开关的跳闸回路。可以在合上旁路开关转移负荷电流前，利用旁路负荷开关自带的核相装置或用万用表、便携式核相仪在旁路负荷开关快速插拔接口验电端子处进行核相，保证旁路高压引下电缆接线正确，也可以避免牵引带电导体时转移绝缘斗臂车带来的危险。就目前的装备水平，很多班组不具备条件，但整项作业只需一辆绝缘斗臂车即可完成。

# 第二模块 撤、立混凝土电杆

## 第一单元 案 例

2011 年 5 月，某县城郊结合部 10kV×××线 43 号杆被过往车辆撞断杆根，需要紧急处理，现场如图 5-6 所示。

图 5-6 被机动车撞断的运行中电杆

工作负责人和工作票签发人仔细勘察了现场，全面评估了电杆受损状况、导线错位和绑扎情况，进行了危险点分析，制定了可行的作业指导书。下面对作业过程作简要的介绍。

（1）固定电杆。由于电杆已受损，任何外力引起的机械振动都可能使事故扩大，因此首先须用汽车吊吊住电杆加以稳定。用钢丝吊绳固定绑点，作业人员不得蹬脚扣上杆，由绝缘斗臂车斗内人员和吊车操作工配合完成。作业中，较好地控制了斗内人员和吊车吊臂与上方带电导线安全距离。

（2）对带电导体设置绝缘遮蔽措施。斗内人员进入带电作业区域后，再次近距离观察导线错位和绑扎情况，确认牢固后开始设置绝缘遮蔽措施。

（3）拆除导线绑扎线。由于导线受到一定的横向和向下的拉力，作业人员将工作斗的停位选择在导线受力外侧，“由远及近”地逐相拆除绝缘子上的绑扎线，恢复导线上的绝缘遮蔽隔离措施。在导线脱离横担前，做好防止导线失控跳动的措施。

（4）拆除电杆。地面电工用拉绳固定好杆根，使用液压断线钳剪断电杆根部钢筋。吊车操作工操作吊臂缓慢顺线路一侧放下电杆。

## 第二单元 案 例 分 析

在外力引起的电力线路破坏中，电杆遭受车辆撞击是常见事故。带电更换受损电杆要求作业人员具备高度的安全意识和风险防范能力。

本案例中，电杆依靠导线与绝缘子的绑扎连接维持平衡，作业过程中如导线突然弹出跳动，会引发人员受伤、线路短路、电杆失控等一系列事故。本应承受导线重力的直线绝缘子遭受横向应力，存在导线突然脱开弹跳的隐患。如果直线杆采用合成绝缘子，由于其横向抗剪切能力较差，有随时断裂的可能。撤除电杆需事先用吊车吊钩固定，吊车操作工、绝缘斗臂车斗内作业人员需要高度的默契配合，工作负责人应严密监护。斗臂车和吊车的停放位置应合理，避开倒杆方向。

由于工作前准备充分，方案合理，本次作业得以安全高效地完成。撤除电杆后，应测量导线对地净空高度。如不满足不小于7.0m的要求，应选择合适的位置补立新杆，或者将两侧电杆换成高度更高、强度更大的电杆。

## 第三单元　相关知识点

### 1. 两种立杆方法的比较

使用吊车带电立杆的方法常见两种。一种吊车吊臂在带电导线下方起吊电杆，另一种是吊车将电杆整体吊至导线正上方，电杆从导线间直接插入杆洞。下面简要介绍两种方法。

第一种方法，如图5-7（a）所示：在导线正下方挖好马道及杆坑，电杆顺线路方向放置于线路下方，用5t左右起吊能力的吊车起吊电杆。吊臂处于导线下方，以电杆杆根为支点，将电杆倒伏式吊起，由地面电工将杆根滑入马道导入杆坑后，缓缓竖起立正，随即回填土夯实。这种方法对场地要求较低，易于对电杆杆根设置保护接地，电杆仅杆梢3～4m设置绝缘遮蔽绝缘措施即可，与导线上的绝缘遮蔽措施构成两道辅助绝缘，电杆失去控制时倒杆范围小，不易发生压断导线的事故。缺点是由于要留出吊臂顶部与带电架空线路之间的安全距离，电杆的吊点较低，电杆起立过程中稳定性稍差。

第二种方法，如图5-7（b）所示：在导线正下方挖好圆形杆洞，电杆放于离线路较远的地方，需要12t及以上起吊能力、吊臂长30m左右的吊车垂直起吊电杆。将电杆整体吊至杆洞正上方，电杆从导线间直接插入杆洞，随即回填土夯实。这种方法的优点是效率高，但缺点也是显而易见的，如：吊车支腿伸出后左右宽6m多，前后有13m左右，对场地要求高；不可能用绝缘遮蔽用具包覆整根电杆、吊车的钢丝绳也不可能设置绝缘遮蔽措施；无法在电杆杆根设置保护接地。因此，除对导线设置严密的绝缘遮蔽措施外，还应将中间相导线往外牵引，以保证电杆与导线间有足够的空间。电杆的控制应稳定牢固，防止电杆压断导线扩大事故。

（a）

（b）

图 5-7　立杆
（a）方法一；（b）方法二

带电立杆的方法应因地制宜，但不论哪种方法，地面电工协助电杆进入杆坑（杆洞）时均应穿绝缘靴、戴绝缘手套。

## 2. 杆梢的绝缘遮蔽隔离措施

带电立杆需对电杆杆梢进行绝缘遮蔽隔离，常用的绝缘遮蔽用具有硬质的绝缘套筒、绝缘遮蔽罩和软质的绝缘包毯，如图 5-8 所示。硬质绝缘遮蔽用具具有耐磨损的优点，但是体积大携带不方便。如图 5-8（a）所示，绝缘套筒没有可供绑缚绝缘吊绳的构件，上下传递非常不便，它的优点是可以多节连续使用，在电杆稍段形成较长的遮蔽范围；拆除绝缘套筒时，要不断上下调整绝缘斗臂车绝缘斗。绝缘遮蔽罩利用硬质绝缘材料本身的弹性，闭合后在开口处形成大于 15cm 的重叠部分，设置时斗内 2 名作业人员需要互相协助，大力拉开遮蔽罩的开口。部分硬质绝缘遮蔽罩具有活动关节，该处不能起到密封的作用，需要在遮蔽罩内部用绝缘包毯作为内衬的辅助绝缘。电杆绝缘包毯携带、使用都较硬质绝缘遮蔽用具方便，但易磨损，被吊车钢丝绳割或被吊臂蹭到，绝缘包毯基本就报废了。所以，电杆绝缘包毯使用成本高且不易保障作业安全。

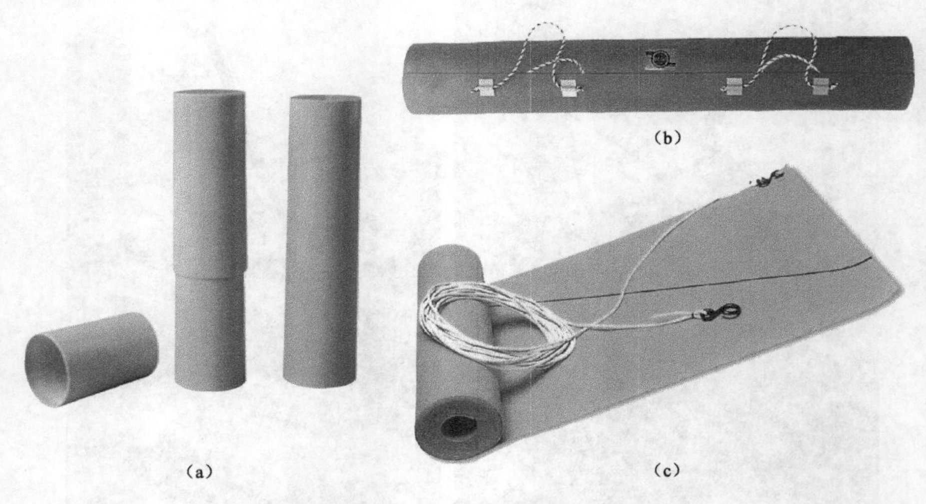

图 5-8　电杆绝缘遮蔽用具

(a) 电杆绝缘套筒；(b) 电杆绝缘遮蔽罩；(c) 电杆绝缘包毯

# 第三模块　缺陷、事故处理

## 第一单元　案　　例

2010 年 10 月，某供电公司带电作业人员处理 10kV××路 34 支 10 号杆设备危急缺陷。该绝缘架空线路南北走向，作业装置为单回路三角排列的直线杆，横担长 1500mm，导线上装有接地环。缺陷为中相立铁紧固螺母脱落后螺栓脱出，导致中相立铁和绝缘子及导线向东边相倾斜，中相绝缘子瓷裙损坏，搭在东边相绝缘子上，中相导线距离东边相导线约为 20cm。使用双斗的绝缘斗臂车采用绝缘手套作业法，拟定的作业步骤如下：

(1) 由主绝缘斗内电工用绝缘杆将倾斜的中相导线推开，确保中相导线与东边相导线满足实施绝缘遮蔽的工作间距。

(2) 由副绝缘斗内电工对中相导线放电线夹做绝缘遮蔽。

（3）由主绝缘斗内电工用绝缘杆推正导线，将中相立铁推至抱箍凸槽正面。由副绝缘斗内电工安装、紧固立铁上侧螺母。

（4）由主绝缘斗内电工对东边相的放电线夹做绝缘防护工作后，由副绝缘斗内电工更换中相绝缘子工作。

在作业过程中，副绝缘斗内电工安装中相立铁上侧螺母时，因螺栓卡在抱箍凸槽内，戴绝缘手套无法顶出螺栓，便擅自摘下双手绝缘手套作业。左手拿着螺母靠近中相立铁，举起右手时，与中相遮蔽不严的放电线夹放电，造成触电死亡。

## 第二单元 案 例 分 析

本案例除了工作负责人监护不到位之外，主要原因在于作业人员对配电带电作业的基本原理不理解或从思想上忽视的作业要求，违反安规要求，作业中擅自摘掉双手绝缘手套进行作业，失去安全防护。本案例在施工方法上也有严重问题，如绝缘遮蔽隔离措施的设置顺序和范围。该项作业应按照“先近边相、再远边相、最后中间相”的顺序对三相导线及接地环设置绝缘遮蔽隔离措施，绝缘遮蔽措施应严密牢固；在更换中间相绝缘子前，还需对中相立铁、电杆杆梢以及铁横担补充绝缘遮蔽措施。

个人安全防护是保证带电作业安全的最后屏障，应正确使用绝缘防护用具。设备、线路的缺陷同时伴随着机械强度和电气性能的破坏，在设备消缺时要特别注意这两方面的危险点分析，并找出合适的控制措施。为使作业人员远离危险点，必要时可用两辆绝缘斗臂车配合，一辆绝缘斗臂车斗内的作业人员在外围可先用绝缘杆间接作业设置绝缘遮蔽隔离措施，然后同样使用绝缘杆控制住机械性能损害的部件，由另一辆车的斗内作业人员尽量采用绝缘杆作业法进行消缺。

## 第三单元 相 关 知 识 点

### 1. 电气触头发热处理

2013 年 6 月，某供电公司吴××和周××在傍晚 19：00 巡检时发现鼓楼 8170 先 1 号杆真空断路器有过热现象，用红外测温仪测得真空断路器电源侧、负荷侧出线设备线夹温度如表 5-1 所示。

表 5-1　2013 年××地区 10kV 鼓楼 8170 线测温记录表（节选）

| 部位 | 电源侧设备线夹 | | | 负荷侧设备线夹 | | |
|---|---|---|---|---|---|---|
| 相别 | A | B | C | A | B | C |
| 温度（℃） | 35 | 31 | 30 | 275 | 32 | 34.5 |

为消除安全隐患，该公司在一星期后根据工作计划，转移该线路部分负荷后，由带电作业班组带电消缺。带电作业班进入带电作业区域后逐相设置绝缘遮蔽措施，紧固真空断路器负荷侧 A 相设备线夹螺母。在拆开 A 相绝缘包毯时，由于设备线夹过热，绝缘包毯内部树脂材料有热熔现象；紧固设备线夹螺母时，其中一只螺母处线夹被紧固力压裂。由于本次带电消缺工作没有达到预期目的，最后改期重新安排工作计划，断开断路器切断负荷侧电流，更换了设备线夹。经后期运行监测运行良好。

引线接头发热的现象一般出现在高峰负荷下的电流致热型设备上，例如夏季用电高峰时段的跌落式熔断器桩头处、柱上断路器铜铝线夹处（见图 5-9），甚至直线耐张杆的弓子线的穿刺线夹连接处。螺丝未紧固或铜铝过渡线夹扭折导致接触不良，触头接触电阻过大引起线夹过热；另一种常见发热原因是绝缘引线接口处未做防水处理，绝缘层内进水导致氧化锈蚀。该缺陷处理方式为更换绝缘引线。金属材料在高温下由于高温氧化以及环境因素，沉积在其表面上的沉积物在氧和其他腐蚀性气体同时作用下加速腐蚀（称为热腐蚀），使得触头的接触性能变得更差。

（a）

（b）

图 5-9　烧损严重的铜铝设备线夹及异型线夹
（a）严重发热烧损的线夹；（b）烧损的异型线夹

带电作业人员处理螺丝松动时，不应直接带负荷紧固螺丝，如本案例应采用断开开关设备后更换设备线夹或引线的方法排除故障。这是因为高温形成的热腐蚀使金具和导线脆化，线夹的电气性能和机械性能往往不符合运行要求，其触点很可能处于似断非断状态，其通流的稳定性无法通过作业人员的肉眼观察来判断。若直接带负荷紧固螺栓，存在突然带负荷断开触点的可能，对作业人员形成巨大的安全隐患。同样也不宜采用引流线短接缺陷部位的方法，以防止引线在设备线夹处突然断开变成带负荷接引。

值得注意的是，更换开关设备旧引线后，有些旧并沟线夹可能因锈蚀严重而很难拆除，遗留在导线上。在旧线夹与主线之间由于接触不紧密形成的放电间隙，经过长年累月的尖端放电，也会引起附近带电体持续发热。

对于配电线路接头发热的带电处理方法为：

（1）联络用开关设备，如遇桩头温度过高，可解环后（不影响用户供电）进行带电处理。若单侧电源的开关设备有严重烧损，必须断开该开关设备，切除后段负荷后再更换线夹或引线。不具有保护功能的硬连接设备（如隔离开关）轻微发热或受损时，可采用绝缘引流线进行带负荷抢修。

（2）无开关设备的直搭线路，视连接点发热损坏程度而定。在确保不会突然断开的情况下，可带电加装旁路引线。若烧毁严重，需先切除后段负荷（两端供电网络应切除小负荷侧用户），方可带电更换弓子线。

（3）遇有线夹金具温度极高的情况（如夜间观察有烧红现象），应切断通流使其冷却 0.5h 以上再进行处理，以防止高温设备烫伤作业人员或损坏绝缘防护用具。

并沟线夹、绝缘穿刺线夹、铜铝设备线夹等金具应选型合适，安装到位，严格管控施工工艺质量。用螺栓紧固各种并沟线夹时，均应采用扭矩扳手，按 DL/T 765.1—2001《架空配电线路金具技术条件》推荐的标准扭矩紧固，如表 5-2 所示。

**表 5-2　钢制镀锌螺栓标准扭矩**

| 螺栓直径（mm） | 扭矩值（Nm） | 螺栓直径（mm） | 扭矩值（Nm） |
|---|---|---|---|
| 8 | 9.0～11.0 | 12 | 32.0～40.0 |
| 10 | 18.0～23.0 | 16 | 80.0～100.0 |

穿刺线夹的扭剪型螺栓（或螺母），额定电压为 10kV 的，剪切扭矩不大于 25Nm；额定电压为 1kV 及以下的，剪切扭矩不大于 20Nm；同规格同批次的，各扭矩间的最大偏差不大于其平均值的 10%。安装穿刺线夹时应按照正确的步骤安装，两枚扭剪型螺栓（或螺母）应均匀地拧，切不可先拧断一枚扭剪型螺栓（或螺母），再拧另一枚扭剪型螺栓（或螺母）。

## 2. 线路绝缘部件损坏处理

在带电消缺或抢修工作中，处理受损绝缘部件是较为复杂的工作。按常见设备类型分，可分为线路绝缘子损坏和开关设备绝缘部件损坏。如图 5-10 所示。

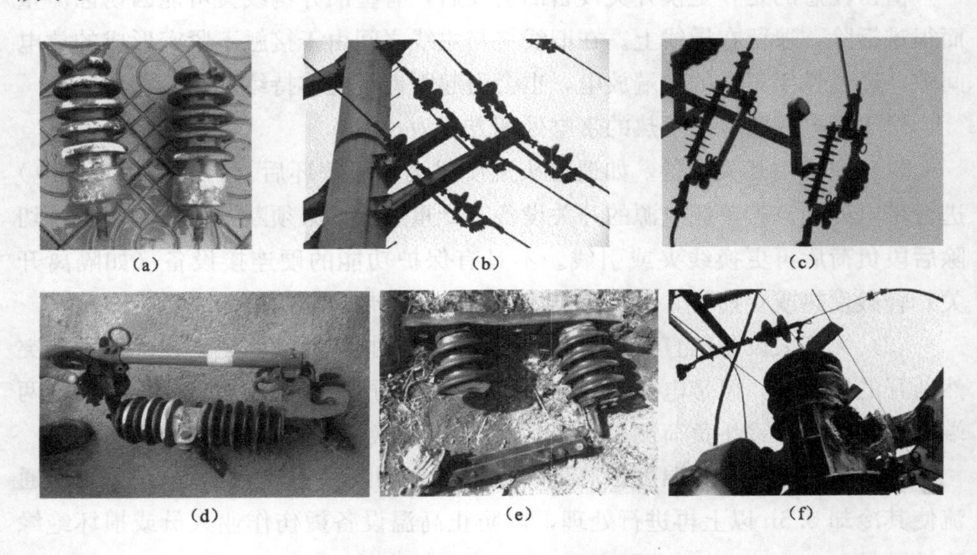

图 5-10 绝缘损坏的各种设备

(a) 雷击损坏的柱式绝缘子；(b) 悬式绝缘子单片受损；(c) 断裂的跳线绝缘子；
(d) 损坏的跌落式熔断器；(e) 瓷件断裂的隔离开关；(f) 雷击后的真空断路器

线路绝缘部件损坏处理，主要存在以下危险点：

(1) 绝缘子遭雷击后，其本身机电性能遭破坏，在作业人员移除带电部位时可能存在泄漏电流或者突然破裂的危险。

(2) 绝缘子遭受外力破坏或横向剪切应力后完全断裂，其端部带电部位与邻相带电体或接地体距离严重不足，甚至轻微晃动即可形成短路事故。

(3) 更换耐张绝缘子串作业中，较多情况为单片绝缘子损坏，另一片绝缘子因长时间运行，存在老化、污秽的隐患。而棒式悬瓷因其外形特点，在设置绝缘遮蔽措施时爬电距离极小。如果更换损坏的棒式悬瓷，对带电作业人员的安全意识和操作技能要求非常高。

(4) 开关类设备绝缘部件受损后，作业人员一方面需防止泄漏电流的危害，另一方面对其带电桩头的控制固定难度较大。在更换跌落式熔断器抢修中，出现过拉开熔断器熔管时整个瓷件瞬间断裂的情况，使带电上桩头瞬间失控。

线路绝缘部件损坏处理原则：

（1）在更换绝缘子之前，应充分考虑泄漏电流的影响，必须在空气干燥且晴朗的天气下、绝缘子内部潮气充分散发的条件下进行。在工作前必须对绝缘子或横担的受损情况进行评估，防止绝缘子或横担在作业中散落。

（2）更换单片受损的耐张绝缘子串，应充分考虑绝缘子串上电压分布过于集中的隐患，作业过程中控制好动作幅度和人员站位。更换棒式悬瓷时，由于爬电距离较小，应密切注意作业人员遮蔽动作，绝缘毯应清洁完好。由于棒式绝缘子体积小、重量轻，脱离时可选择地电位侧，即绝缘子与横担的连接处，以防止人体串入电路。

（3）开关设备绝缘部件损坏时，通常需更换整台开关设备。如开关由于机械原因无法操作，可采取带负荷更换方式。但在拆除开关引线时，应加强对引线的控制。

（4）无论是更换绝缘子还是开关设备，作业前均应对接地体进行验电，以防止泄漏电流引起电弧危及作业人员安全。这里特别指出，在对带电设备和横担的连接处验电时，偶尔会出现有电提示，可能由感应电压引起。必要时，可事先向调度询问线路是否有单相接地迹象。

### 3. 夜间带电作业的注意事项

夜间带电作业应满足一般的气象条件和人员要求，并落实相应的组织措施和技术措施。为保证作业的安全，应做好充分的危险点分析，采取必要的控制措施。由于夜间带电作业属于应急抢修工作，具有突发性质，应做好随时启动应急预案的准备。

（1）温、湿度。由于夜间的温度较低，空气湿度较高，应注意相对湿度不应大于80%，并在现场做好绝缘工器具的保护工作。

（2）人员要求与安全防护。所有夜间作业人员除应满足从事配电网不停电作业的身体素质、工作技能和资格要求外，有夜盲症的不得参加工作，生病及酒后人员也不得参加工作。白天应充分休息，不得疲劳作业，需提高警觉性。作业人员按要求穿戴个人防护用具，地面电工还应穿戴反光衣。地面电工进行移动电缆等工作时应戴绝缘手套。

（3）工器具要求。带电作业用绝缘操作杆应使用带有荧光的操作头。

（4）现场布置。现场车辆、围栏应贴有有效的反光标志。公路交叉口或转弯处必须按要求设立带有反光标志的警示牌，并派人员看守指挥，看护人员应穿信号服。现场作业点采用车载日光色镝灯作为主要的照明灯具。应在适当位置提供足够的照明，光源不应少于 2 个，保证整个施工现场具有较好的照明。光源点宜比作业高度高 3～4m，避免直射作业人员的眼睛。斗内作业人员可采取局部照明补充照度。夜间照明设施应满足公路行车安全要求，避免干扰行车信号。工作开始前，工作负责人应完成施工区域的安全巡检，确认车辆运转正常、照明设施齐备完好、通信通畅等。严禁工器具、车辆超负荷使用。在居民区内夜间施工时，应尽量减少噪声污染，如高架绝缘斗臂车宜在低速下操作。

第六章

# 架空线路综合不停电作业

## 第一模块　带负荷更换杆架式配电变压器

### 第一单元　案　　例

2013年10月，某供电公司在桥东区梁庄路10kV梁围Ⅱ线36号、37号杆及大梁庄税务所台区支线1杆进行综合不停电更换杆上变压器作业。作业现场10kV架空线路为双回路同杆架设，上回线路为三角形排列，下回线路为水平排列，均采用绝缘线路。大梁庄税务所台区变压器从下回线路取电，低压侧a、b、c三相分别通过低压单极刀闸与低压集束线连接，零线无开关。该线路低压负荷主要为单相的生活负荷，仅有4个动力负荷。待更换的杆架式配电变压器和负荷转移车车载变压器基本参数如表6-1和表6-2所示。

表6-1　杆架式配电变压器基本参数

| 序号 | 项目 | 参数 | 序号 | 项目 | 参数 |
| --- | --- | --- | --- | --- | --- |
| 1 | 产品型号 | S11-M·R | 7 | 冷却方式 | ONAN |
| 2 | 额定容量（kVA） | 315 | 8 | 使用条件 | 户外 |
| 3 | 额定电压（V） | 10000±2×2.5%/400 | 9 | 短路阻抗（%） | 3.85 |
| 4 | 额定电流（A） | 高压18.19，低压454.7 | 10 | 绝缘水平 | LI75AC35 |
| 5 | 额定频率（Hz） | 50 | 11 | 出厂年月 | 2008年6月 |
| 6 | 联结组标号 | Dyn11 | 12 | 生产厂家 | ×××变压器厂 |

表6-2　负荷转移车车载基本参数

| 序号 | 项目 | 参数 | 序号 | 项目 | 参数 |
| --- | --- | --- | --- | --- | --- |
| 1 | 产品型号 | SCB10-400/10-0.4 | 5 | 联结组标号 | Dyn11 |
| 2 | 额定容量（kVA） | 400 | 6 | 冷却方式 | 自然空气冷却（AN） |
| 3 | 额定电压（V） | 10000±2×2.5%/400 | 7 | 短路阻抗（%） | 6 |
| 4 | 额定频率（Hz） | 50 | 8 | 绝缘水平 | H |

现场勘查记录和杆架式配电变压器铭牌接线组别标示均为Dyn11，因此选择的负荷转移车车载变压器接线组别也为Dyn11。但在负荷转移车低压侧断路器进行并列操作时，“相序错误”信号灯亮（见图6-1），并闭锁了操作回路。后启动工作现场紧急预案，经分析，发现是杆架式配电变压器铭牌接线组别标示错误引起，所以调整施工方案使作业得以顺利完成。

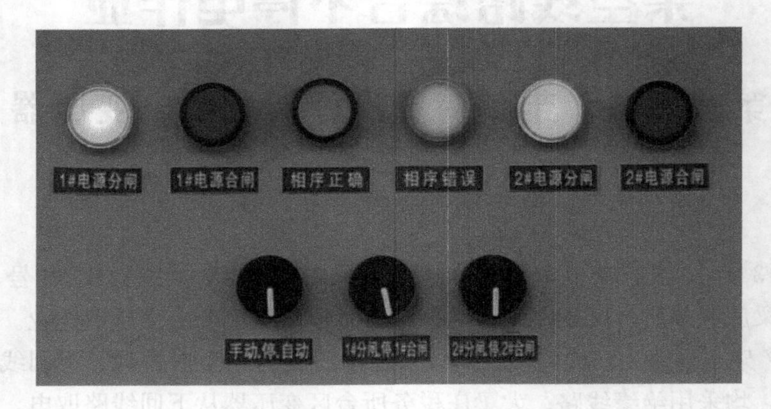


图6-1　负荷转移车低压侧开关操作面板

## 第二单元　案　例　分　析

带负荷更换杆架式配电变压器项目中，在高低压架空线上挂接高低压柔性电缆时，由于架空线色相标识不清晰、不完整或配电装置不够规范等原因，难免有相序不正确的现象，不满足负荷转移车低压开关同期合闸的条件，因此需要重新在架空线上调整柔性电缆的相序。现场标准化作业指导书均是按照正常的工作流程编写的，如现场遇到不符合指导书内容的，应按照要求中断工作，并获得工作票签发人的同意，修改作业指导书的内容并获得批准后才能继续工作。在制定方案前应预见到工作中的一些特殊情况，如案例中该公司不但预先编制了操作性极强的施工方案和具体的预案，并且精益化作业流程，提高了现场工作效率和作业的安全性。如按照杆架式变压器高低压开关和10kV架空线、0.4kV架空线的设备归属的不同，作业中应开具4张杆变停、送电的操作票，在架空线上挂接、拆除负荷转移车高低压电缆也需开具4张线路带电作业工作票。这么多的工作票或操作票在许可、终结、转移过程非常繁琐，很容易造成顺序上的错误。配电运维检修工区主任从调度获得许可（退出10kV架空线重合闸装置）后，由其发布带电作业工作票的许可和运行倒闸操作票的操作命令，整项工作结束后由其向调度办理工作的终结手续。这些措施都保证工作得以顺利进行，提高了工作效率和作业的安全性。

### 1. 接线组别不一致

当出现案例中所述的现象后，现场工作组立即启动预案。操作面板上的表计只能显示负荷转移车低压开关静触头一侧的线电压，电压分别为 $U_{ab}=417V$、$U_{bc}=417V$、$U_{ca}=423V$。为进一步判断导致“相序错误”的原因，作业人员进入到负荷转移车内部，用万用表测量低压开关动、静触头间的电压，如图 6-2 所示。测得的数据为 $U_{aa'}=120V$、$U_{ab'}=469V$、$U_{ac'}=339V$。

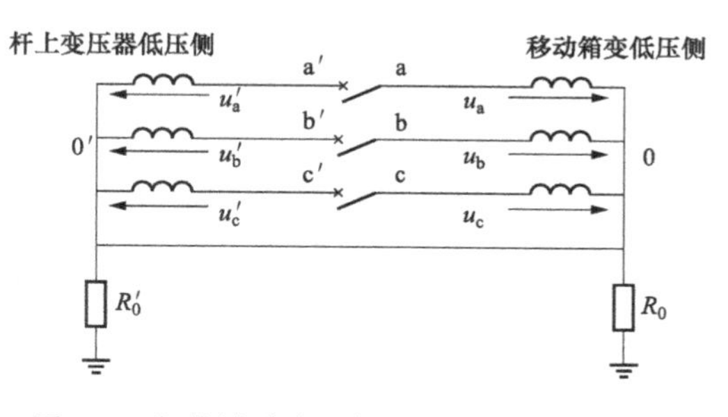


图 6-2　负荷转移车、杆上变压器低压回路图

经反复核对负荷转移车技术资料和对负荷转移车车载变压器绕组接线进行分析，确认车载变压器的接线组别正确无误，为 Dyn11，初步判断杆上变压器的接线组别为 Yyn0。由于变压器低压侧输出电压较额定电压高，假设低压侧相电压为 240V，进行相量图分析，如图 6-3 所示。

计算得

$$U_{aa'}=2\times240\times\sin15^\circ\approx124.2(V)$$

$$U_{ab'}=2\times240\times\cos15^\circ\approx463.6(V)$$

$$U_{ac'}=\sqrt{2}\times240\approx339.4(V)$$

计算结果与测量数据十分吻合，说明判断正确，后经生产厂家现场测定杆架式变压器实际接线组别为 Yyn0。当日将杆上变压器短时退出后，再将负荷转移车投入运行后恢复对用户的供电。

### 2. 拆开中性点零线套管接线柱上引线

由于杆架式变压器低压出线套管输出到低压集束线，零线上没有开关（按照规程零线不应有开关或熔断器等），在负荷转移车投入运行、杆上变压器退出运行后，杆上变压器低压侧中性点及工作接地与系统还是有电气连接的，那

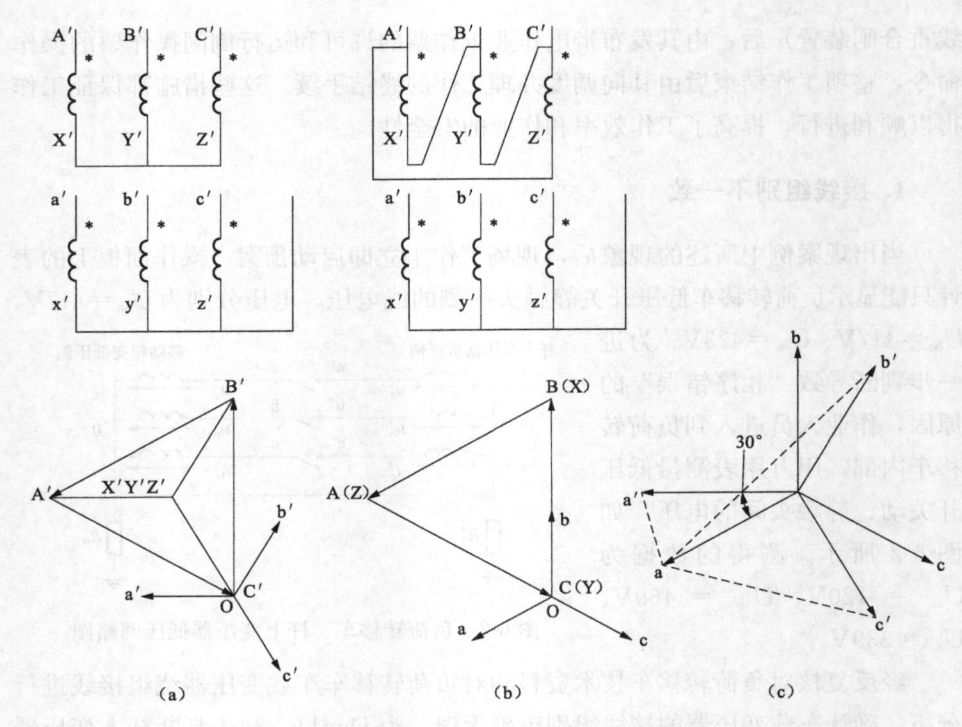


图 6-3　接线组别不一致相量分析

(a) 杆上变压器高低压侧电压相量图；(b) 移动箱变高低压侧电压相量图；

(c) 杆上变压器、箱变低压侧电压相量图

么杆上变压器中性点是否有一定电位？在拆开中性点零线套管接线柱上引线时会不会产生电弧呢？这也是现场作业人员关心的问题。

从图 6-4（b）可知，通过倒闸操作，杆上变压器退出运行后，零线电流在向变压器低压绕组回流时，负荷转移车和杆上变压器工作接地装置的接地电阻 $R_0$、$R_0'$ 均被短路，因此 $i_1=0$、$i_2=i$，杆上变压器中性点对地电压 $u_{R_0'}=0$。当用户的设备均采用正确的接地保护方式（即金属裸露外壳均采用保护接零）的情况下，即使用户的设备发生相线碰壳漏电，也不会导致杆上变压器中性点对地电压 $u_{R_0'}$ 升高。因此在负荷转移车投入运行，杆上变压器退出运行后，杆上变压器低压侧中性点及工作接地虽然与系统有电气连接，杆上变压器中性点对地没有电位，在拆开中性点零线套管接线柱上引线时，也不会有电弧出现。

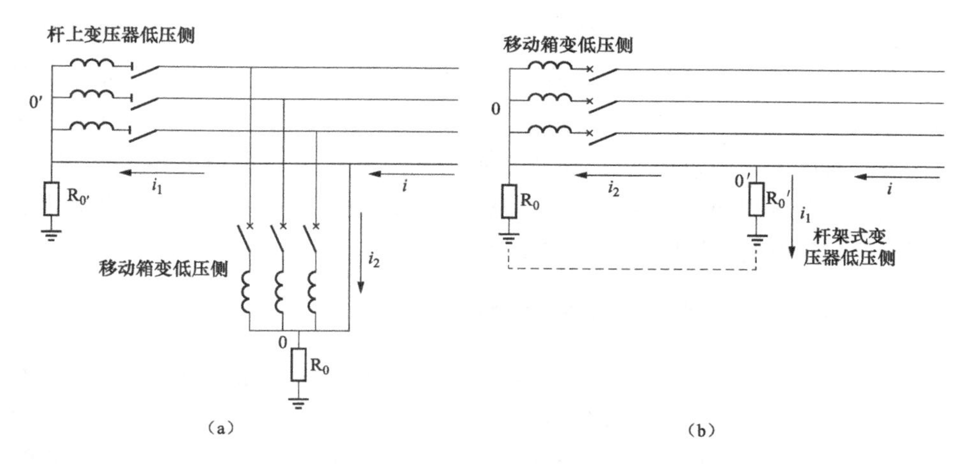


图 6-4　带负荷更换杆上变压器时的低压系统接线示意图

(a) 负荷转移车与杆架式变压器并列运行；(b) 杆架式变压器退出运行

# 第三单元　相关知识点

## 1. 变压器并列运行条件

在用负荷转移车带负荷更换杆架式配电变压器时，杆架式配电变压器和车载变压器将短期并列运行。变压器的并列运行，需要满足以下三个条件：

(1) 变压器绕组的联结组别应相同。不同联结组别的变压器并联运行时流过变压器一次侧和二次侧的电流非常大，变压器一、二次绕组中会产生很大的环流。

(2) 高低压侧额定电压应相等，即变比基本相等。误差不超过 0.5%。变压器变比差别越大环流越大，可能超过额定电流。变比较小的变压器，流过变压器一次侧和二次侧的电流值较大。

(3) 短路阻抗百分比应基本一致，误差不超过 10%。不同短路阻抗的变压器并联运行时虽然二次侧电流不存在环流分量，但变压器所承担的负载电流的实际值与该变压器的短路阻抗成反比，可能会出现短路阻抗小的变压器过载、阻抗大的变压器轻载的情况。

变压器并列运行内部环流不但产生附加的电能损耗，并产生高温损伤变压器，而且在开关并列操作时，由于两侧电压的幅值、相位不一致，断口上存在较大的电压，对开关的并列操作带来危险。

至于不同容量变压器并联运行时，变压器的负荷电流与变压器的容量成正比，变压器之间不存在环流，负荷总电流为各变压器负荷电流之和。按照配电网络设计与规划要求，季节性负荷变化较大，从技术经济上考虑对经济运行有利的三级负荷变电站可选用两台主变压器；并且变压器容量差别不宜过大，两变压器容量比不宜超过 3∶1。显然在带负荷更换杆架式配电变压器项目中，杆架式配电变压器和车载变压器的关系不属于这种情况，车载变压器容量大于等于杆架式配电变压器即满足工作要求。

**2. 并列变压器运行操作的暂态过程**

在带负荷更换杆架式配电变压器项目中，车载变压器和杆架式配电变压器互为备用，需要进行“检修改热备”或“热备改检修”的运行操作。在操作过程中，破坏了原有的稳定状态，其电压、电流和磁通都要经历急剧的变化才能到达新的稳定状态，这个很短的变化过程即是需要考虑的并列变压器运行操作的暂态过程。

（1）移动负荷车车载变压器空载合闸。合变压器高压侧断路器无过电压的影响。变压器正常运行时，空载电流（励磁电流）很小，通常只有额定电流的3%～8%，大型变压器甚至不到1%。在电压初相角等于90°时空载合闸，合闸后立即进入稳态，没有冲击电流；可在电压初相角等于0°时空载合闸，励磁电流急剧增长，会达到几倍额定电流。由于无法控制合闸时电压的初相角，因此带负荷更换杆架式配电变压器项目合空载变压器的操作应按最不利情况考虑。10kV 杆架式配电变压器的容量一般小于等于 400kVA，为得到更大的适应性和作为临时取电用，某些单位在配备负荷转移车的车载式变压器时容量选择了 630kVA 或 800kVA。

**表 6-3　10kV 配电变压器额定电流、空载电流和励磁涌流**

| 序号 | 变压器容量（kVA） | 额定电流（A） | 空载电流（A） | 励磁涌流（A） |
|---|---|---|---|---|
| 1 | 30 | 1.7 | 0.05～0.14 | 3.5 |
| 2 | 50 | 2.9 | 0.09～0.23 | 5.8 |
| 3 | 100 | 5.8 | 0.17～0.46 | 11.5 |
| 4 | 200 | 11.5 | 0.35～0.92 | 23.1 |
| 5 | 315 | 18.2 | 0.55～1.45 | 36.4 |
| 6 | 400 | 23.1 | 0.69～1.85 | 46.2 |
| 7 | 500 | 28.9 | 0.87～2.31 | 57.7 |
| 8 | 630 | 36.4 | 1.09～2.91 | 72.7 |
| 9 | 800 | 46.2 | 1.39～3.7 | 92.4 |

注　表中空载电流按 3%～8%额定电流计算，励磁涌流按 2 倍额定电流考虑。

从表 6-3 可知，在最不利的情况下，即使 30kVA 这样的小容量变压器，其励磁涌流也达到了 3.5A。另外在车载变压器高压侧没有负荷开关的情况下，移动负荷车高压柔性电缆电容效应和变压器一次侧电感作用下，不利于合闸冲击电流快速衰减。因此车载变压器在投入运行时不应直接采用人工分相操作，而应配置负荷开关进行空载合闸。

（2）移动负荷车车载变压器低压侧带负荷合闸。带负荷关合变压器低压侧操作会由于负荷电流的突变而产生最高幅值 1.35p.u. 的过电流，应采用负荷开关进行低压侧的分合闸操作。

（3）移动负荷车车载变压器低压侧带负荷拉闸。由于杆架式配电变压器处于并联运行状态，可以分担负荷电流，带负荷开断车载式变压器低压侧不会产生过电压和过电流。

（4）切除空载车载变压器。此时会产生较高幅值的过电压，当拉开车载变压器高压侧断路器的瞬间，空载电流的幅值达到最大值时，就会发生强制熄弧的截流现象。这样储存在变压器线圈中的能量将全部转化为电能，形成截流过电压，一般不超过 4p.u.。

### 3. 变压器高低压接线错误并列操作时的现象

以下介绍某供电公司在开发带负荷更换杆架式配电变压器项目时，因变压器高低压接线错误产生的几种现象。

（1）新换杆架式配电变压器高压侧负序接入。

负荷转移车车载变压器与杆架式配电变压器接线组别均为 Dyn11，并列操作“相序错误”信号灯亮，并闭锁了操作回路。用万用表测量负荷转移车低压开关动、静触头间的电压分别为 $U_{aa'}=235V$、$U_{ab'}=234V$、$U_{ac'}=477V$。原因是负荷转移车高低压柔性电缆接线正确，杆上变压器高压侧接线错误为负序。两台变压器高低压侧相量关系如图 6-5 所示。

同样假设低压侧相电压为 240V，计算得

$$U_{aa'}=U_{ab'}=240V$$

$$U_{ac'}=2\times240=480V$$

计算结果与测量数据吻合。

（2）变压器高压侧电源接入时一相正确，另两相错误。当两台变压器均为 Yyn0 的接线组别时，如其中一台变压器高压侧电源接入时相序错误，用万用

表测量负荷转移车低压开关动、静触头间的电压 $U_{aa'}$、$U_{ab'}$、$U_{ac'}$，其中一个电压为 0V，其他两个电压值均为 415.7V。

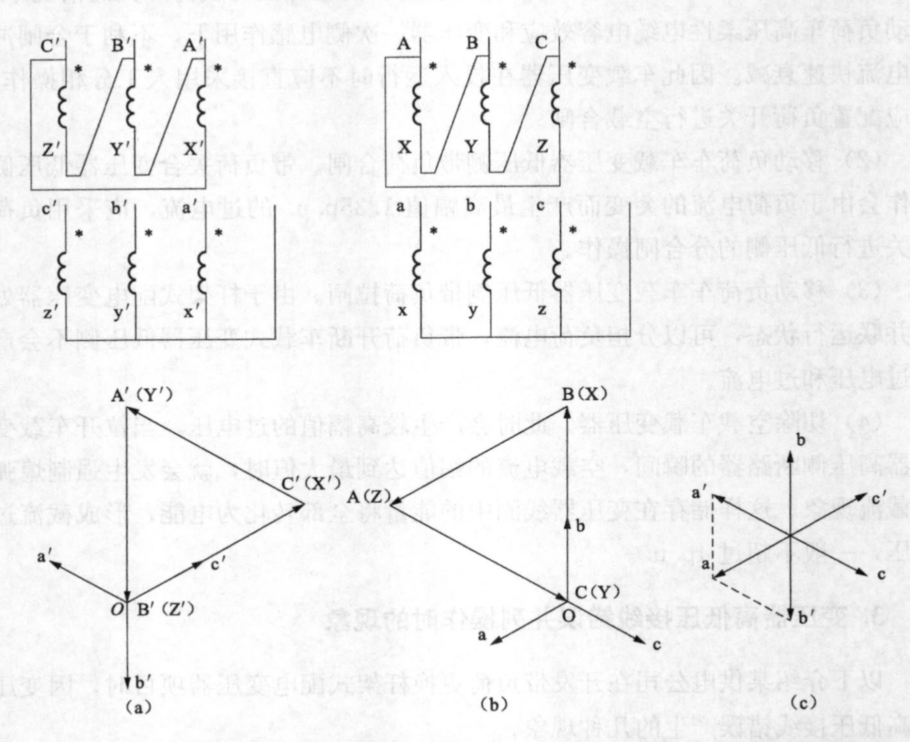


图 6-5　杆上变压器高压侧负序电压接入时负荷转移车低压开关两侧电压相量

(a) 杆上变压器高低压侧电压相量图；(b) 移动箱变高低压侧电压相量图；

(c) 杆上变压器、箱变低压侧电压相量图

(3) 变压器低压侧接线一相正确，另两相错误。当两台变压器接线组别相同时，如其中一台变压器低压侧接线相序错误，用万用表测量负荷转移车低压开关动、静触头间的电压 $U_{aa'}$、$U_{ab'}$、$U_{ac'}$，其中一个电压为 0V，其他两个电压值均为 415.7V。

#### 4. 负荷转移车电气一次接线

负荷转移车又称移动箱变车，是集配电变压器、高低压配电装置于一体的车载式变电站，其一次接线如图 6-6 所示。

高压侧为一回 10kV 进线 L，三回出线。其中 X0、X1 为 0.4kV 低压出线，可以根据需要较灵活地为多个负荷同时供电。另配置 XS1、XS2 等多个单

相、三相的插座，为现场施工设备供电。X2 为 10kV 高压出线，出线开关 QF2 可在更换架空分支线路开关（如跌落式熔断器、柱上断路器等）时作为旁路开关使用。负荷转移车的车载变压器 T0 具有接线组别切换或相角调整的功能。

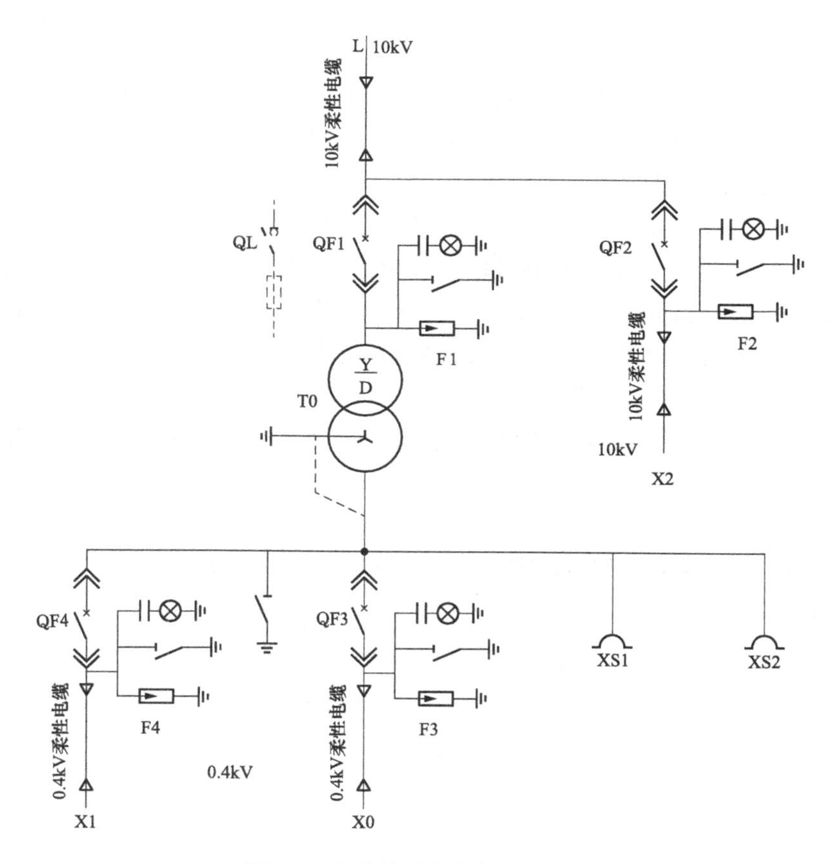


图 6-6　负荷转移车电气一次接线

T0—干式变压器；QF1、QF2—中置式真空高压开关柜；QF3、QF4—抽屉式低压开关柜；QL—高压负荷开关；L—10kV 高压进线电缆；X2—10kV 高压出线电缆；X0、X1—0.4kV 低压出线电缆；F1、F2、F3、F4—避雷器；XS1、XS2—多功能插座

## 5. 负荷转移车主要组成设备

负荷转移车应满足结构紧凑、安全性能高、便于操作和维护等要求，采用无油化设计。

(1) 变压器。根据配电网规划和设计要求，配电变压器具有“小容量、密布点”的配置特点，负荷转移车车载变压器的容量通常可选用315kVA，作为临时供电电源时可选用630kVA。当选用更大容量的变压器时，负荷转移车的经济性将大大降低，并极大占用车厢内部空间。其容量配置应按变压器高压绕组Y接时考虑。考虑到运行时的损耗和减小设备体积，采用铜导体的双绕组三相变压器。

由于接线组别切换或相角调整的特殊问题，在此不对变压器高压侧绕组的接线方式作出规定。变压器低压侧采用yn接线，额定变比为10kV/0.4kV，采用无励磁调压方式，调压范围为±2×2.5%。

如车载变压器采用油浸式变压器，油浸式变压器在运输过程中倾斜度不宜超过15°。另外，考虑到车辆行驶时的车辆震动和平衡等，以及变压器绝缘水平、接线组切换和负荷转移车防火、防爆等问题，车载变压器宜采用节能型干式变压器。采用无油化设计后，车载供电系统在任意方向最大倾斜可达150°。当然为安全起见，在现场作业时，应先操作负荷转移车的液压支撑系统使其大致水平。表6-4为一台具有接线组别切换功能的车载特种变压器的铭牌参数表。

**表6-4　具有接线组别切换功能的车载特种变压器的铭牌参数**

<table>
<tr><td>型号</td><td colspan="3">SCB-YD-315/10</td><td>联结组标号</td><td colspan="2">Yyn0/Dyn11</td></tr>
<tr><td>额定电压（V）</td><td colspan="3">10000±2×2.5%/400</td><td>额定容量<br>（KVA）</td><td colspan="2">315</td></tr>
<tr><td>绝缘等级</td><td>F</td><td colspan="2">线圈温升限值（K）</td><td>100</td><td>冷却方式</td><td>AN/AF</td></tr>
<tr><td rowspan="2">接法位置</td><td rowspan="2">分接开关位置</td><td colspan="2">高压</td><td colspan="2">低压</td><td rowspan="2">短路阻抗<br>（%）</td></tr>
<tr><td>电压（V）</td><td>电流（A）</td><td>电压（V）</td><td>电流（A）</td></tr>
<tr><td rowspan="5">Y</td><td>1</td><td>10500</td><td rowspan="5">18.19</td><td rowspan="5">400</td><td rowspan="5">454.7</td><td rowspan="5">4.34</td></tr>
<tr><td>2</td><td>10250</td></tr>
<tr><td>3</td><td>10000</td></tr>
<tr><td>4</td><td>9750</td></tr>
<tr><td>5</td><td>9500</td></tr>
<tr><td rowspan="5">D</td><td>1</td><td>10500</td><td rowspan="5">18.19</td><td rowspan="5">400</td><td rowspan="5">454.7</td><td rowspan="5">3.75</td></tr>
<tr><td>2</td><td>10250</td></tr>
<tr><td>3</td><td>10000</td></tr>
<tr><td>4</td><td>9750</td></tr>
<tr><td>5</td><td>9500</td></tr>
</table>

(2) 开关设备。

1) 高压断路器。杆架式配电变压器高压侧一般情况下采用跌落式熔断器作为控制和保护设备，所以负荷转移车高压开关也应具备控制和保护功能。为缩小整车体积和提高整车安全性，可以选用结构紧凑的中置式真空断路器柜或负荷开关柜（负荷侧应串联高压熔断器，如图 6-6 中虚线所示的 QL）。采用负荷开关可以降低成本，且切断电路时具有明显断开点，但可靠性、安全性和切断电路的能力不如断路器。断路器两侧应装设接地刀闸，在负荷转移车从主电路退出运行后，作为车载变压器和高低压电缆放电用。接地刀闸与断路器之间应有良好的联锁装置。

高压负荷开关采用手动储能、手动分合操作。高压负荷开关负荷侧串接的高压熔断器额定电流的选择应躲过变压器空载励磁电流，一般为 2～2.5 倍的变压器高压侧额定电流。

高压开关的技术参数应符合表 6-5 的要求。

**表 6-5　　高压开关技术参数**

| 序号 | 参数 | | 数值 |
|---|---|---|---|
| 1 | 额定电压（kV） | | 12 |
| 2 | 额定电流（A） | | 200 |
| 3 | 开断时间（ms） | | 20 |
| 4 | 关合短路电流能力（峰值 kA） | | 40 |
| 5 | 工频耐受电压（kV） | 对地 | 42 |
| | | 相间 | 42 |
| | | 同相断口之间 | 48 |

| 序号 | 参数 | | 数值 |
|---|---|---|---|
| 6 | 冲击耐受电压（kV） | 对地 | 75 |
| | | 相间 | 75 |
| | | 同相断口之间 | 85 |
| 7 | 3s 热稳定短路耐受程度 | | 16kV |
| 8 | 电动力稳定水平（峰值） | | 40kV，200ms |
| 9 | 开关导通的接触电阻（μΩ） | | <200 |
| 10 | 三相分断不同期性能 | | <5ms |
| 11 | 防护等级 | | IP32 |

2) 低压断路器。负荷转移车的低压开关采用交流抽屉式开关，其开关单元的数量可以根据低压出线回路数选择配置，母线采用单母线接线。根据图 6-6，低压交流抽屉式开关可以选用两个开关单元，其技术参数应符合表 6-6 的要求。

**表 6-6　　低压交流抽屉式开关技术参数**

| 序号 | 参数 | 数值 | 序号 | 参数 | 数值 |
|---|---|---|---|---|---|
| 1 | 额定电压（V） | 380 | 4 | 母线额定短时耐受电流（kA） | 120 |
| 2 | 额定电流（A） | 630 | 5 | 母线峰值短时耐受电流（kA） | 240 |
| 3 | 母线（A） | ≤6300 | 6 | 防护等级 | IP32 |

高压断路器应具备自动分闸、手动分闸的功能，但不需要具备自动合闸功能，只需要手动合闸功能。低压开关应兼具自动、手动分合闸功能。高低压开关柜内辅助电路的额定电压可采用交流 220V。

图 6-6 中高压开关 QF2 与低压开关 QF3、QF4 两侧应具备核相功能。核相装置和备用电源自动投入装置（BSAW）可以根据需要选择性地投入。核相回路投入运行后，在低压开关两侧电压相位差大于 5°时，应闭锁合闸回路，防止低压开关非同期合闸。

考虑到车载开关在户外使用以及运输等情况，高低压开关的防护等级较高，既要防止灰尘进入又要防止雨水侵入，但由于车厢有一定的防护作用，防护等级一般采用 IP32（防止直径大于 2.5mm 的固体外物侵入，倾斜 15°时，仍可防止水滴侵入）。

（3）高、低压电缆。负荷转移车的高、低压进线接口均采用快速插拔式连接方式（高压柔性电缆输入、输出快速插拔接口分别如图 6-7、图 6-8 所示），可在车厢外部进行快速安全的连接。

图 6-7　高压柔性电缆输入、输出快速插拔接口

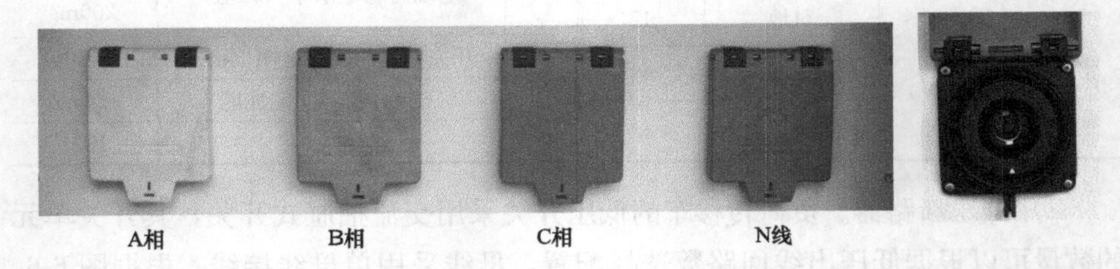


图 6-8　低压柔性电缆输出快速插拔接口

高低压进出线电缆应采用单相旁路柔性电缆，其绝缘体采用耐热交联聚乙烯。高压电缆电气性能要求如表 6-7 所示。

高压柔性电缆导体的截面积一般为 35mm² 或 50mm²。低压柔性电缆的耐压性能不低于 1500V/min。低压柔性电缆截面积不小于 185mm²。高低压柔性电缆的正常允许温度不小于 100℃。短路时，旁路柔性电缆的允许温度不小于 250℃。

表 6-7　　高压柔性电缆技术参数

<table>
<tr><th>序号</th><th>参数</th><th>数值</th><th>序号</th><th colspan="2">参数</th><th>数值</th></tr>
<tr><td>1</td><td>额定电压（kV）</td><td>8.7/15</td><td rowspan="4">7</td><td rowspan="4">热稳定允许短路电流有效值（A）</td><td>0.5s</td><td>10030</td></tr>
<tr><td>2</td><td>额定电流（A）</td><td>200</td><td>1.0s</td><td>7090</td></tr>
<tr><td>3</td><td>工频耐压（kV/min）</td><td>45</td><td>2.0s</td><td>5010</td></tr>
<tr><td>4</td><td>直流耐压（kV/15min）</td><td>55</td><td>3.0s</td><td>4090</td></tr>
<tr><td>5</td><td>雷电冲击耐压（kV）</td><td>±95kV（各 10 次）</td><td rowspan="2">8</td><td rowspan="2" colspan="2">动稳定电流（峰值，kA）</td><td rowspan="2">40</td></tr>
<tr><td>6</td><td>局部放电量（1.73$U_0$）</td><td>≤10PC</td></tr>
</table>

高低压柔性电缆连接至系统如 10kV 高压架空线路、0.4kV 低压架空线路的触头可采用螺栓拧紧式 C 型线夹。如高压柔性电缆与环网柜连接，则应采用肘形触头。如低压柔性电缆与低压配电箱连接，应采用夹持式触头。

高低压电缆接头处有明显的相色标志。

（4）保护及接地装置。负荷转移车高低压开关柜的开关位置指示明显，并有明显电压、电流指示仪表；低压侧有核相装置。高、低压出线开关均配置电流速断保护装置，其中车载变压器高压开关还应配置定时限过电流保护，作为车载变压器低压侧短路的后备保护。

负荷转移车高、低压开关柜中在开关的负荷侧均装设相应等级的氧化锌避雷器，如 HY5WZ-17/45 和 HY1.5W-0.28/1.3，以避免系统中的过电压或负荷转移车开关误操作时的操作过电压威胁到变压器的绝缘。

负荷转移车有专门的接地系统，包括工作接地（变压器低压侧中性点接地）和保护接地（箱体内电气设备及整车接地）。整车配置充足可靠的接地线缆和接地钎等设备，并设置方便操作的接地连接点。接地线缆是截面积不小于 25mm$^2$ 的具有透明护套的多股软铜线。

由于作业现场环境的条件限制，负荷转移车的工作接地、保护接地和避雷器接地可以按照“三位一体”的要求设置。为避免接触电压和跨步电压触电，作业时整车接地电阻应小于 4Ω。为保证接地电阻符合要求，负荷转移车投入运行前应测量接地电阻。

### 6. 负荷转移车相位调节的方法

配电变压器的接线组别一般采用 Yyn0。由于 Dyn11 接线组别的变压器具有低压侧输出电压波形质量好、承受三相负荷不平衡能力高、抗低压反射过电压能力强等优点，近年来得到广泛应用。当不同接线组别的变压器并列时，并列操作的断路器两侧的电压相位差为 30°，合闸时有较大的冲击。因此车载变压器应可适应于 Yyn0 和 Dyn11 两种不同接线组别的变压器，否则其应用范围将受到限制。以下介绍两种相位调整的方法。

（1）改变车载变压器高压绕组接线方式。

此种方案采用可实现高压绕组 D-Y 切换的特种变压器。这种变压器将高压绕组的首端、尾端和中间位置分别引出导体并接入特制的切换开关（见图 6-9），以实现高压绕组 D-Y 的切换。同时，还应考虑不同接线组别对绕组匝数和变压器容量带来的影响。

图 6-9 车载变压器 D-Y 切换开关

D 接和 Y 接时，绕组匝数比应为$\sqrt{3}$：1，所以在 D-Y 切换操作的同时，还应调整接入的匝数。而且由于绕组导体线径没有改变，导体的载流能力不变，根据绕组接线方式，在 D 接和 Y 接时，其容量比为$\sqrt{3}$：1。为使变压器的实际输出容量与高压侧匹配，低压侧绕组导体的截面积应该按照 D 接时的容量来设计，因而变压器的额定容量是分别对应于高压绕组 D 接和 Y 接的两个容量。

实现 D-Y 切换的原理接线如图 6-10 所示。图 6-10 中的变压器绕组接线

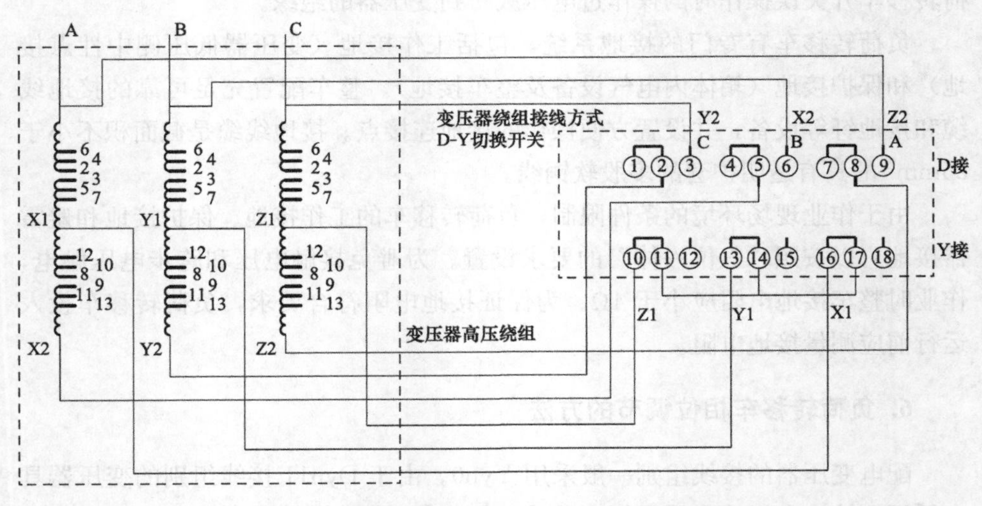


图 6-10 车载变压器高压绕组接线方式切换原理接线图

方式D-Y切换开关（以下简称切换开关）具有两个工位："D接"位置和"Y接"位置。

在"D接"位置时，触点2-3、5-6、8-9、11-12、14-15、17-18接通，其他均处于断开状态。此时，三相绕组的接线顺序为：A相绕组首端A至绕组尾端X2，再至切换开关5-6号触点，从切换开关的X2引出接至B相绕组首端B；然后从B相绕组尾端Y2，至切换开关2-3号触点，从切换开关的Y2引出接至C相绕组首端C；最后从C相绕组尾端Z2，至切换开关8-9号触点，从切换开关的Z2引出接至A相绕组首端A，实现绕组的三角形连接。

在"Y接"位置时，触点1-2、4-5、7-8、10-11、13-14、16-17接通，其他均处于断开状态。此时三相绕组的接线顺序为：A相绕组首端A至绕组尾端X1，再至切换开关16-17号触点，从切换开关的X1引出；B相绕组首端B至绕组尾端Y1，至切换开关13-14号触点，从切换开关的Y1引出；C相绕组首端C至绕组尾端Z1，至切换开关10-11号触点，从切换开关的Z1引出；切换开关的X1、Y1、Z1连接在一起实现绕组的星形连接。

切换开关的位置可以根据现场系统变压器的接线组别预先调整好，即不需要带负荷切换。为缩小开关的体积，切换开关内部绝缘介质可以采用变压器油或者六氟化硫气体。

（2）串接转角变压器。

此种方案的车载变压器采用Yy0接线组别的变压器TM，同时在车上配备一台10kV的转角变压器TR，其原理接线如图6-11所示。

转角变压器的变比为1∶1，采用Dy11接线组别。当杆架式配电变压器的接线组别为Yy0时，直接用变压器TM进行旁路转移负荷。而当杆架式配电变压器的接线组别为Dy11时，将转角变压器TR串接在变压器TM的高压侧，由其进行相位的补偿，这样旁路回路和系统变压器低压侧的电压相位就一致了。转角变压器TR和变压器TM的接线组别及相位关系分别如图6-12和图6-13所示。

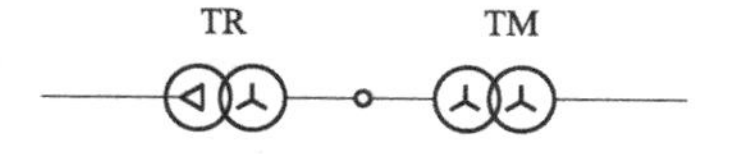


图6-11 转角变压器补偿相位原理接线图

TR—转角变压器；TM—主变压器

这种方案，转角变压器TR需要占用车辆的空间。但其一次侧绕组匝数虽然比二次侧多，但线径比二次侧小。只要绕组匝数比满足$\sqrt{3}$∶1的要求，就可以小型化，达到减小占用空间的目的。另外，由于转角变压器TR增加了整个旁路回路的阻抗值，为控制并列操作中断路器两侧的电压差，在满足小型化的基础上，应选择合适的变压器铁心材料和装配工艺。

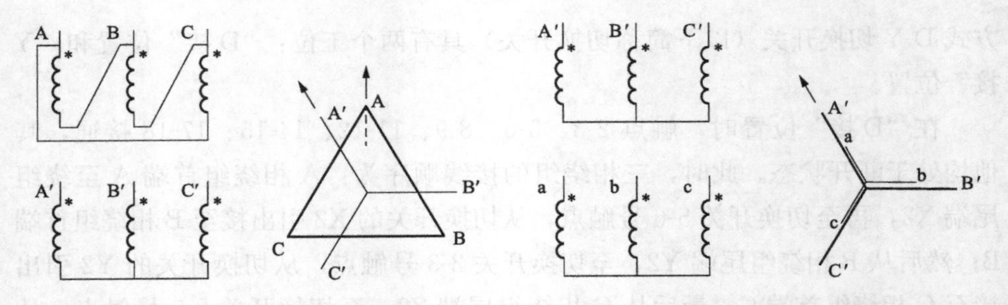


图 6-12　转角变压器 TR 接线组　　　　图 6-13　变压器 TM 接线组

## 7. 负荷转移车的 BSAW 装置原理

负荷转移车的车载变压器虽然有了相位调节装置，可适用于不同接线组别的杆架式配电变压器，但当现场的杆架式配电变压器的接线组别为 Yyn0，更换后新变压器的接线组为 Dyn11 时，还需在负荷转移车低压开关上装设备用电源自投装置（Backup Source Automatic Working，BSAW）。BSAW 的原理图如图 6-14 所示，展开图如图 6-15 所示。

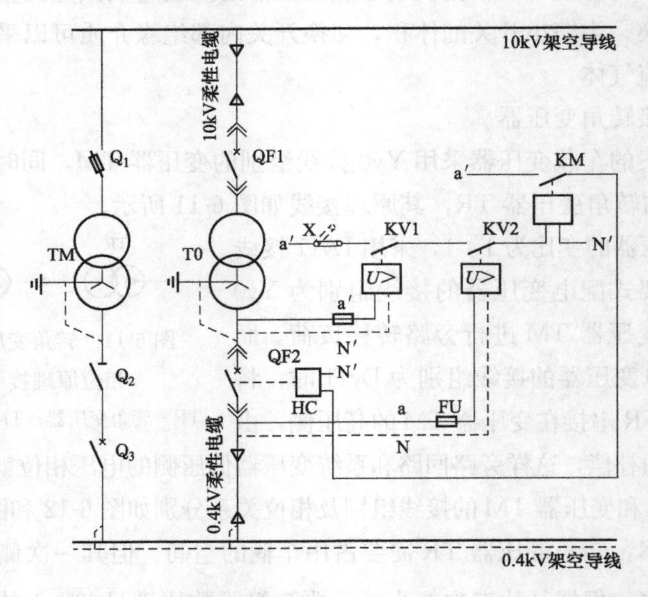


图 6-14　负荷转移车备用电源自动投入装置（BSAW）原理图

TM—杆架式配电变压器；T0—车载变压器；$Q_1$—高压跌落式熔断器；$Q_2$—低压刀开关；$Q_3$—低压断路器；QF1—中置式高压断路器；QF2—抽屉式低压断路器；FU—熔断器 KV1、KV2—电压继电器；KM—中间继电器；X—切换片

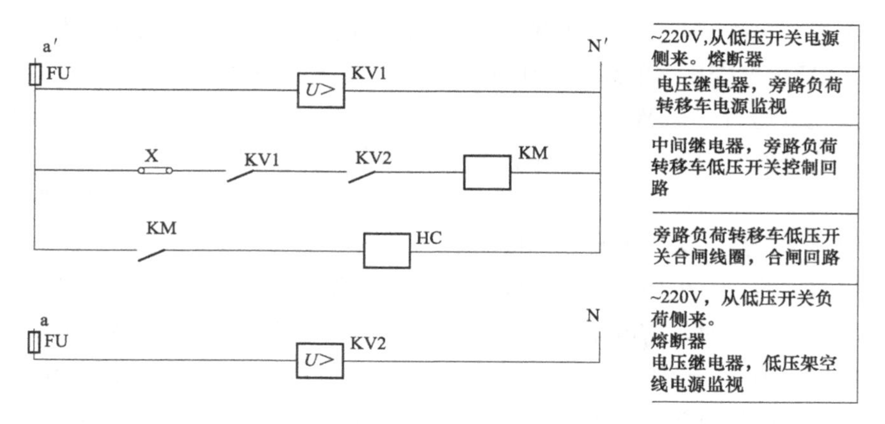


图 6-15 负荷转移车备用电源自动投入装置（BSAW）展开图

BSAW 装置的工作电源取自车载变压器负荷侧，采用交流 220V 电压，所有继电器及低压抽屉式开关柜内低压开关的合闸线圈采用交流型。电压继电器 KV1、KV2 线圈的电压分别取自负荷转移车低压抽屉式开关柜内的开关两侧。其工作原理简述如下：

（1）准备工作。挂接好负荷转移车的 10kV 高压柔性电缆和 0.4kV 低压柔性电缆。

（2）投入 BSAW 装置的连接片 X。

（3）合上负荷转移车高压侧断路器 QF1，电压 $U_{a'N'}$ 为 220V，启动电压继电器 KV1，使其动合触点闭合。

（4）拉开杆架式配电变压器低压配电箱内的低压开关 $Q_3$，0.4kV 架空线路失电。电压 $U_{aN}$ 降为 0，电压继电器 KV2 失电，其动断触点闭合。

（5）电路 a′→连接片 X→电压继电器 KV1 动合触点→电压继电器 KV2 动断触点→中间继电器 KM 线圈→N′接通，中间继电器动作，其动断触点闭合。

（6）电路 a′→中间继电器 KM 动断触点→低压开关 QF2 合闸线圈 HC→N′接通，低压开关 QF2 自动合闸。

（7）低压开关 QF2 合闸后，电压 $U_{aN}$ 恢复为 220V，使电压继电器 KV2 的动断触点断开，切断了低压开关 QF2 的控制回路和合闸回路，避免其合闸线圈长时间通电烧损。

### 8. 负荷转移车车载变压器低压侧中性点接地、防雷接地和保护接地方式

配电变压器应装设防雷装置。该防雷装置应尽量靠近变压器，其接地线应

与变压器二次侧中性点及变压器的金属外壳连接，即所谓的“三位一体”。

10kV配电变压器的高、低压侧都应靠近变压器装设防雷避雷器，以保护变压器正常运行。Y5W5－12.7型氧化锌避雷器5kA下的残压不大于50kV，避雷器的等值电阻为10Ω。一般配电变压器的工频接地电阻小于或等于4Ω，最大不超过10Ω（10Ω适用于100kVA以下的配电变压器），它和避雷器的等值电阻几乎一致。当雷电流流过接地电阻R时必然会产生压降$IR$，同时雷电流流过避雷器时产生残压$U_5$，两者叠加后一起作用在变压器绝缘上。如10kV配电变压器落雷时，雷电流以5kA计，接地电阻为4Ω，则变压器主绝缘上所承受的电压为$U_5+IR=50+20=70$（kV）。如将避雷器的接地线和变压器的外壳连在一起后再接地，那么只有避雷器的残压$U_5$作用在变压器主绝缘上，可避免叠加的高压损坏变压器绝缘（注意：当残压$U_5$超过变压器的绝缘水平时，变压器同样有可能损坏）。但是接地线和接地引下线上的压降$IR$会使配电变压器的铁壳向低压侧逆向闪络。因此，必须将低压侧的中性点连接在变压器的铁壳上，这样低压侧电位被提高了，铁壳与低压侧之间就不再发生闪络。

另外，在接地电阻上产生的压降$IR$大部分都加在低压绕组上，通过电磁感应，在高压绕组上按变比出现高电压，如10/0.4kV变压器的变比为25，在高压绕组两端的冲击电压会达到$IR\times K=20\times 25=500$（kV）。这时高压绕组出线端因安装了避雷器，出线端电位受避雷器限制，因此500kV的高电位沿高压绕组分布，在尾端达最大值，会将中性点附近高压绕组的层间或匝间绝缘击穿，造成变压器损坏。由此可见，还应在低压侧装设避雷器，以限制低压绕组可能出现的过电压，从而保护高压绕组。

### 9. 低压带电作业

不停电更换杆架式配电变压器和电缆不停电作业“从10kV架空线路（或环网柜）取电至负荷转移车”项目（见本书第八章），负荷转移车最终通过低压旁路柔性电缆向低压架空线路或低压配电箱（柜）进行供电。为减少低压用户的停电时间，通常在低压架空线路或低压配电箱（柜）带电接入低压旁路柔性电缆的引流线夹，这就涉及低压带电作业。

低压带电作业是指在不停电的低压设备或低压线路上的工作，如：一些可以不停电的工作，没有偶然触及带电部分的危险工作，或作业人员使用绝缘辅助安全用具直接接触带电体及在带电设备外壳上的工作。低压带电作业项目包括低压带电搭接接户线、带电拆装电能表、带电更换低压空气开关（漏电保护器)、带电测试、带电清扫等。

虽然低压带电作业的对地电压不超过250V，但远高于36V的安全电压。人体阻抗一般为800～1000Ω，当作业人员直接串入220V交流电压时，通过人体的电流约为220mA，远远超过了人体触及电源时能够自主摆脱的电流(10mA)。低压带电作业同样应避免通过人体的电流超过人体的感知值(1mA)。最基本的原理就是工作人员做好自己的安全防护，另外应防止作业中被相间或相对地的短路电弧灼伤，因此应同时做好防止相间短路和单相接地短路的隔离措施。

### 10. 低压带电作业的一般要求

(1) 工作票。低压带电作业宜使用带电作业工作票。

(2) 人员要求。低压带电作业人员应经过专门培训并考试合格。

(3) 监护。低压带电作业时，必须有专人监护。监护人应由有经验的电气工作人员担任。低压带电作业时由于作业场地、空间狭小，带电体之间、带电体与地之间绝缘距离小，或由于作业时的错误动作，均可能引起触电事故，因此，带电作业时，工作班成员必须两人以上，一人操作，一人监护。监护人应始终在工作现场，随时纠正作业人员不正确的动作。低压线路带电作业在必要时设杆上专人监护。万一发生意外事故，监护人可立即拔掉电源插座或拉开刀闸开关。带电工作时间不宜过长，必须间断进行，以免工作人员注意力分散而发生事故。

(4) 着装与安全防护。必须穿绝缘鞋和长袖工作服，并戴手套和安全帽。戴手套可以防止作业时手触及带电体；戴安全帽可以防止作业过程中头部同时触及带电体及接地的金属盘架，造成头部触电或头部碰伤；穿长袖工作服可防止手臂同时触及带电体和接地体以免引起短路和烧伤事故。低压带电作业时，人体对地必须保持可靠的绝缘，工作时工作人员应站在干燥的绝缘物或绝缘垫上。

(5) 工器具。带电作业使用的工具应合格，带电作业工器具应定期进行检查和试验合格，不应使用损坏、受潮、变形、失灵的带电作业工具。金属工具可能引起相间短路或对地短路事故，为防止人体直接接触带电体，手工工具应使用有绝缘柄的工具，且工具的金属部分应有绝缘护套，只露出操作头部分金属。禁止使用锉刀、金属尺和带金属物的毛刷、毛掸等工具。带电绝缘工具在运输过程中，应装在专用工具袋、工具箱或专用工具车内。作业现场使用的带电作业工具应放置在防潮的帆布或绝缘物上。

(6) 气象条件和作业环境。严禁在雷、雨、雪及六级以上大风天气进行户外低压线路带电作业，也不应在雷电天气时进行室内带电作业。在潮湿和潮气过大的室内，禁止带电作业。工作位置过于狭窄时，禁止带电作业。

## 11. 保证低压带电作业安全的技术措施

作业范围内电气回路的漏电保护器必须投运，必须断开所有负载，禁止带负荷作业。带电部分只能位于检修人员的一侧；若其他侧还有带电部分而又无法采取安全措施，则必须将其他侧的电源切断。在带电作业过程中如设备突然停电，应视设备仍然带电。

（1）装表接电。配电箱、电表箱应可靠接地。工作人员在接触配电箱、电表箱前，应先检查接地装置良好，并用验电笔确认箱体无电后，方可接触。带电装表接电时，应戴手套，防止机械伤害和电弧灼伤。带电安装有互感器的计量装置时，应防止电磁式电流互感器二次开路和电磁式或电容式电压互感器二次侧短路。在带电的电能表和二次回路上工作时，不得将回路的永久接地点断开，断开电流回路时应将电流互感器二次专用端子短路，不许带负荷拆入表尾线。在低压配电装置上工作时，为防止人体或作业工具同时触及两相带电体或一相带电体与接地体，在作业前，将相与相间或相与地（盘构架）间用绝缘板隔离，以免作业过程中引起短路事故。接触带电导线前，必须认真检查导线绝缘胶皮是否完整，如有破损要马上用绝缘胶布包扎好。严防同时触及两根线头的违章作业行为，每拆除或搭接完成一根导线时须用绝缘胶布包扎、固定。断开导线时，应先断开相线，后断开零线；搭接导线时顺序相反，应先接零线，后接相线。三相四线制线路正常情况下接有动力、家电及照明等各类单相、三相负荷。当带电断开该低压线时，如先断开零线，则因各相负荷不平衡使该电源系统中性点对地电压发生较大数值的位移，造成零线带电，断开时将会产生电弧，相当于带电断负荷的情形。在紧急情况下允许用有绝缘柄的钢丝钳断开带电的绝缘照明线。切断相线时，必须先用钳形电流表测量电流，电流较大时，必须戴护目镜，用长手柄的钳子，并有防止弧光线间短路的措施。断线时要一根一根地进行，断开点应在导线固定点的负荷侧。

（2）低压架空线路上的带电作业。高、低压同杆架设，在低压架空线路上进行带电作业前，应检查与同杆架设的高压线之间的安全距离，如表 6-8 所示，防止误碰带电高压设备的安全措施。上杆前，应先分清相线和零线，选好工作位置。在实际工作中要分清相线与零线，一般应先在地面上根据一些标志和排列方向、照明设备接线等进行辨认；登杆后用验电器或低压验电笔进行测试，必要时可用电压表进行测量。两人同杆工作时，只允许一人接触带电部分、一人断/接导线。在低压带电架空导线未采取绝缘措施时，工作人员不得穿越。登杆后在低压线路上工作，应有防止低压接地短路及混线的作业措施。杆上作业、传递工具必须用绝缘物品，不得投掷或两人同时触及一件工具或同一部件的金属部分。

表 6-8　　低压线路带电作业

| 电压等级（kV） | 10 | 35 | 60-110 | 220 | 330 | 500 |
|---|---|---|---|---|---|---|
| 距离（m） | 0.35 | 0.6 | 1.5 | 3 | 4 | 5 |

### 12. 负荷转移车投入运行前的检查

Q/GDW 710—2012《10kV 电缆不停电作业技术导则》及国家电网公司发布的《10kV 电缆不停电作业指导书》等规定，在实施 10kV 电缆不停电作业时，高压旁路柔性电缆、旁路连接器、旁路负荷开关等设备整体组装后，用 2500V 及以上的绝缘电阻测试仪测试其绝缘电阻值，要求不低于 500MΩ。但以上要求均是针对旁路作业装备的，负荷转移车包含高压柔性电缆、低压柔性电缆、10kV 降压变压器、高低压开关和高低压连接器（高低压开关进出线端快速插拔接口）等，在作业现场可参照以下要求选择合适的方法测量其绝缘电阻：

（1）绝缘电阻测试应选择在 5℃以上、湿度在 70%以下的天气进行。

（2）配电变压器绝缘电阻的测试标准为：用 2500V 绝缘电阻测试仪分别测高压对低压、高压对地、低压对地（也可用 1000V 绝缘电阻测试仪）。常温下在用变压器：高对低不小于 500MΩ、高对地不小于 300MΩ、低对地不小于 100MΩ。

（3）电力电缆：1kV 以下用 1000V 绝缘电阻测试仪，1kV 以上的电缆应选用 2500V 绝缘电阻测试仪。1kV 以下电缆的绝缘电阻值不应小于 10MΩ/km；1～3kV 电缆的绝缘电阻值不应低于 200MΩ/km；6～10kV 电缆的绝缘电阻值不应低于 400MΩ/km；20kV 电缆的绝缘电阻值不应低于 600MΩ/km。

（4）箱变车高低压连接器的绝缘电阻值可参照电力电缆。

（5）高压开关的绝缘电阻值不低于 300MΩ，低压开关的绝缘电阻值不低于 0.5MΩ。

由于移动负荷车的集成度较高，在现场检测时不可能逐件按照各自不同的标准进行。检测绝缘电阻属于非破坏性电气试验，为保证现场作业的安全性，移动负荷车高压元器件（包括高压柔性电缆）和低压元器件（包括低压柔性电缆）可按照变压器高、低压侧绕组绝缘电阻测试标准值来实施。

## 13. 使用移动负荷车不停电更换杆架式配电变压器的跨职能部门流程

使用移动负荷车不停电更换杆架式配电变压器的跨职能部门流程如图 6-16 所示。从图中可以看出，该作业共使用线路第一种工作票 3 张、带电作业工作票 4 张、线路操作票 8 张。

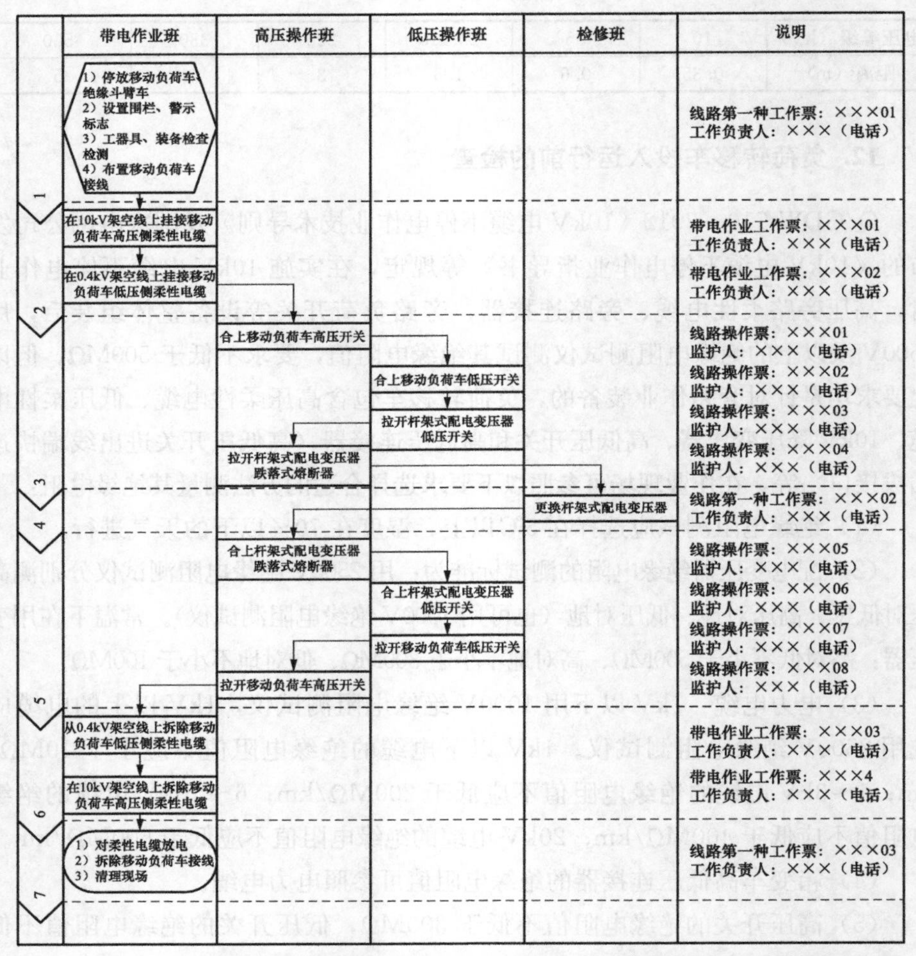


图 6-16　移动负荷车不停电更换杆架式配电变压器跨职能部门流程

## 14. 发电车启动前的检查与供电接线方案

电力工程发电车又称移动发电机组，主要应用于保供电工作。在没有移动负荷车等装备的情况下，可以用来短时停电更换杆架式配电变压器。这里不做原理的阐述，使用者应掌握使用要求。

发电车启动前应进行充分的检查以保证投入运行后的安全运行：

（1）提前检查电瓶是否缺电，并充满电；

（2）当用拖车将移动式柴油发电机组运到指定地点时，用两端摇把将前、后四个支撑脚摇下，前后倾斜不得大于16°，并且用垫块将拖车的车轮垫好；

（3）检查燃油，机油和冷却液是否到达指定位置；

（4）将集装箱两端大门打开至最大幅度，以保证机组发电时进排风的通畅。

（5）发电机组中性点及机组外壳应有效接地；

（6）检查机组的开关及输入、输出连接电缆的绝缘情况。

只允许在电源没电的情况下操作发电车机组电缆线及快速接插件，避免产生危险。选择发电车供电接线方案时应注意：

（1）用户具备独立的市电电源/发电车电源转换开关时，可不停电进行发电车接线操作，必须采取必要的绝缘隔挡措施。

（2）用户具备遮断容量不小于应急负载容量的备用电源开关时，在不影响用户正常用电的前提下，可直接在备用电源开关的负荷侧进行发电车接线操作，但必须同时采取必要的绝缘隔挡措施。

（3）不具备上述开关设备的用户，必须停电进行接线操作，必须手动“断开”低压侧电源进线主开关及其隔离开关。在低压侧电源进线主开关及其隔离开关的操作把手上悬挂“有人工作，禁止合闸”标示牌，然后在低压侧电源进线主开关的负荷侧验电，无电后再进行接线操作（低压侧电源进线主开关、联络开关设置为“手动”状态，防止自动重合，必要时取下自动重合闸保护压板）。接线时应注意相序的正确性。

### 15. 发电车现场运行操作

发电车的运行操作至少应有两个人进行，一人监护，一人操作。由于发电车与用户低压侧进线电源（市电）是两个独立的电源，应防止非同期并列操作。

启动操作：

（1）依次拉开用户低压侧电源进线主开关和隔离开关，并确认；

（2）确认发电车低压输出开关处于“断开”位置；

（3）启动原动机，增加转速至额定转速；

（4）合上发电机输出空气断路器。

停机操作：

（1）降低发电机负载，拉开输出空气断路器，并确认；

（2）停原动机；

（3）合上用户低压侧电源进线隔离开关、主开关，并确认。

停机前应让发动机以1300～1500r/min空载运行几分钟，以均衡发动机，防止温度出现过高现象。

某些发电车的机组开关柜有自动和手动两种操作模式。把选择开关切换至“自动”位置，当机组发电时，空气断路器会自动储能合闸，上面的“合闸”指示灯表明机组处于供电状态，当机组停止放电，失压脱扣器使空气断路器自动分闸。把选择开关切换至“手动”位置，需要手动按空气断路器的“闭合”“分断”按钮使其分、合闸，相应的指示灯亮。

发电车运行时严禁无关人员接近电站及电缆，防止发生意外。应随时注意机组的运行情况和周围情况；运行人员随时监控发电机组运行参数、报警信息等，并做好记录。发生故障时，应立即关掉紧急停机按钮。

## 16. 使用发电车短时停电更换杆架式配电变压器的跨职能部门流程

使用发电车短时停电更换杆架式配电变压器的跨职能部门流程如图6-17

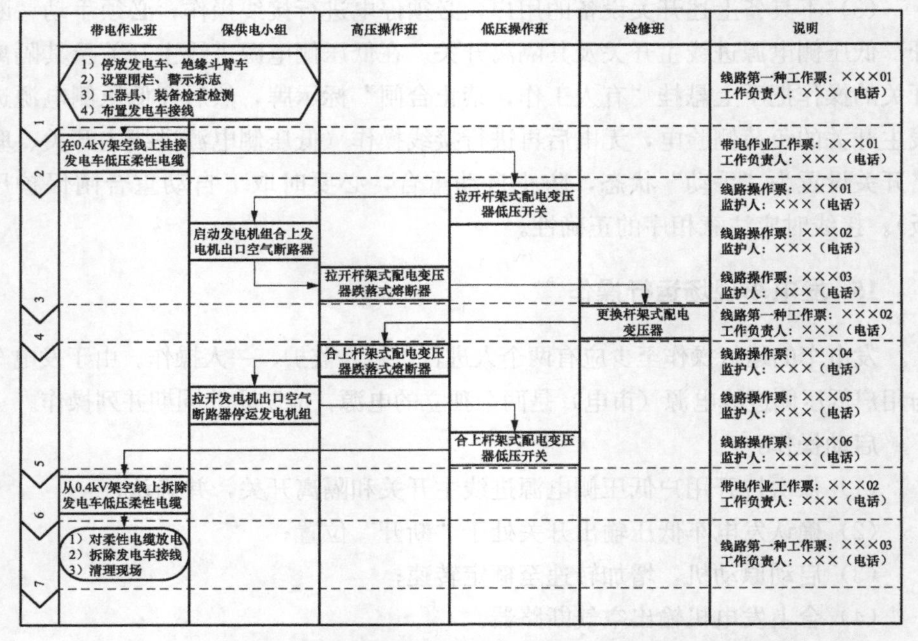


图6-17　发电车短时停电更换杆架式配电变压器跨职能部门流程

所示。从图中可以看出，该作业共使用线路第一种工作票 3 张、带电作业工作票 2 张、线路操作票 6 张。

# 第二模块　架空线路旁路作业

## 第一单元　案　　例

2011 年 4 月，由于 10kV 加创 804 线 51 号杆位于某小区地下车库入口处，某供电公司实施迁改工作（移位至虚线 51 处）并同时对 50～54 号杆之间线路进行消缺。现场布置如图 6-18 所示。10kV 加创 804 线单回路三角排列，导线型号为 JKLYJ-120。50～54 号杆架空线路总长为 208m。50 号电杆为耐张杆，装有型号为 ZW20F-12 的分段开关（编号 804003），51～54 号杆均为直线杆。作业段架空线路负荷侧有 7 台容量为 315kVA 的 10kV 配电变压器、3 台容量为 100kVA 的 10kV 配电变压器。

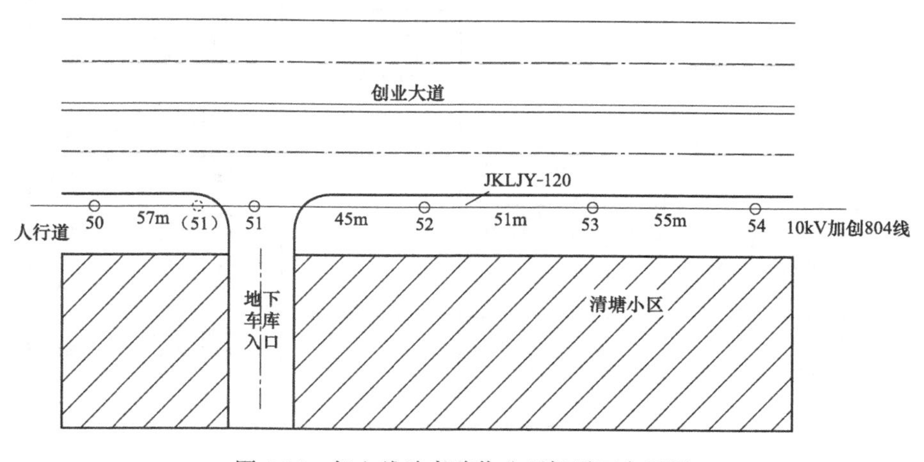


图 6-18　架空线路旁路作业现场平面布置图

为保证对用户的持续供电，采用了旁路作业方式。为能在负荷转移至旁路回路后顺利退出待检修架空线段，由带电作业班预先将 54 号杆改为耐张杆。50-52 号杆之间，旁路柔性电缆采用安装旁路电缆敷设支架，利用输送绳进行旁路电缆展放。52-54 号杆之间，旁路柔性电缆采用地面敷设方式，并用电缆盖板进行防护。50 号、54 号电杆安装旁路负荷开关和旁路高压引下电缆。旁路回路敷设完毕后，在旁路负荷开关合闸位置下，用 2500V 绝缘电阻检测仪检测旁路作业装备的整体绝缘电阻不小于500MΩ/km，满足绝缘水平。图 6-19 为本次作业的现场组织流程图。

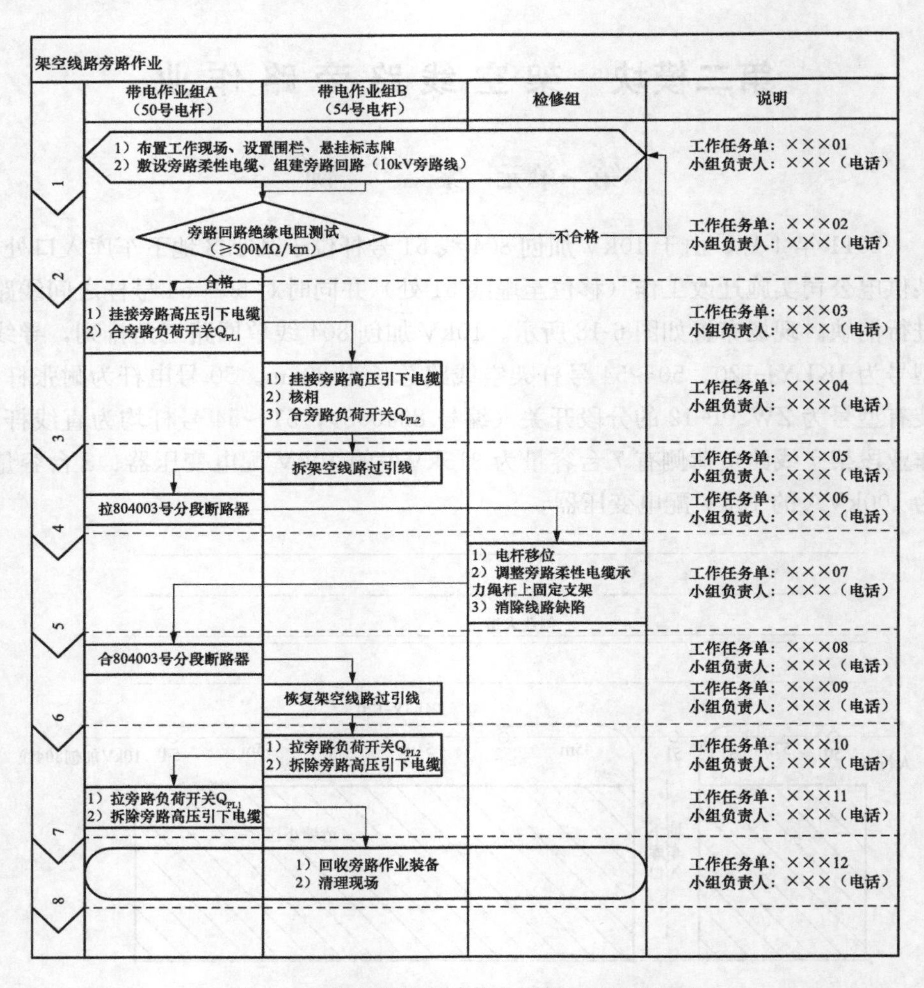


图 6-19　架空线路旁路作业现场组织流程图 1

整项作业采用一张配电带电作业工作票，作业过程分为 8 个阶段，使用了 12 张配电工作任务单；对应每一阶段的配电工作任务单，编制了现场标准化作业指导书。其中：

第 3 阶段旁路回路投入运行，包括了高压引下电缆的带电搭接和旁路负荷开关的操作，其关键内容是合 54 号杆旁路负荷开关 $Q_{Pl2}$ 前应进行核相，保证旁路电缆相序的正确性。由于操作旁路负荷开关是一项单一的操作任务，为提高工作效率，没有采用线路操作票，将其列入相应的配电工作任务单的内容中，由现场工作负责人发布操作任务。同理，第4、第6阶段拉、合线路804003号分段断路器也列入相应的配电工作任务单中。

第5阶段，电杆移位和消除作业区段缺陷的工作应按照停电检修的要求落实好验电、接地等技术措施后才能进行。特别是要检查确认50号、54号杆有电部位的绝缘遮蔽隔离措施是否严密牢固，作业时杆上作业人员应处于停电一侧，并与带电侧保持足够的距离。

第6阶段，恢复架空线路过引线时应注意相序的正确性。

第8阶段，在回收旁路作业装备前，应合上旁路回路中的两个旁路负荷开关 $Q_{Pl1}$、$Q_{Pl2}$，用放电棒充分放电。

本案例中3个工作小组共13人（理想配置），其中工作负责人1名，带电作业组A、B各3名（小组负责人1名，地面电工1名，斗内电工1名）、停电检修组6名（小组负责人1名，包括电杆移位吊车操作员班组成员5名）。

## 第二单元　案　例　分　析

本案例能够顺利完成，依赖于得当的现场组织流程。在确定作业方式时充分考虑了装置条件和现场的环境条件。作业线段负荷电流小于旁路作业装备的额定电流（一般为200A），作业线段的长度也小于一般的配置规模（旁路作业车—电缆车一般能存放6～8组即300～400m的旁路柔性电缆，中间连接器5～7组，旁路负荷开关3台），装备条件满足了作业的要求。部分旁路柔性电缆采用地面敷设，提高了作业效率。

架空线路旁路作业属于配电网不停电作业，其中既包含带电作业，又包含倒闸操作和停电检修的内容，合理地选用组织措施对提高工作效率非常有用。案例中只使用了一张工作票，现场负责人与调度和运行单位之间只需要履行一次工作许可手续和工作终结手续；工作任务单的小组负责人与工作票负责人在现场进行许可和终结。程序明了，工作负责人更易对现场情况进行把控。案例中配置了2个带电作业小组，可以减少工作转移过程中的车辆移位、现场布置等环节的时间。检修工作中的倒闸操作任务可以由检修部门下达并完成，且单一的操作可不用操作票，但须将操作内容写入工作票。因此，将作业中的断路器操作列为带电作业组的工作内容，减少了不同工作小组间的交接时间。应注意的是，为保证作业安全，即使没有操作内容，带电作业组A、B在同一条架空线路上挂接旁路高压引下电缆时应依次进行。

图 6-20 为架空线路旁路作业另一种形式的现场组织流程。作业过程分为 9 个阶段，共使用了 11 张工作票。工作票的数量上要少于本案例，但各工作票的许可、终结都需要分别向调度、运行单位履行手续，现场衔接容易混乱，因此必须在现场配置 1 名总负责人。该总负责人手中没有“合法”的工作票，也无法合理地将其归入到哪一张工作票的人员组织中。第 2 阶段在 50 号、54 号杆搭接旁路高压引下电缆，以及第 8 两个阶段在 54 号、50 号杆拆除旁路高压

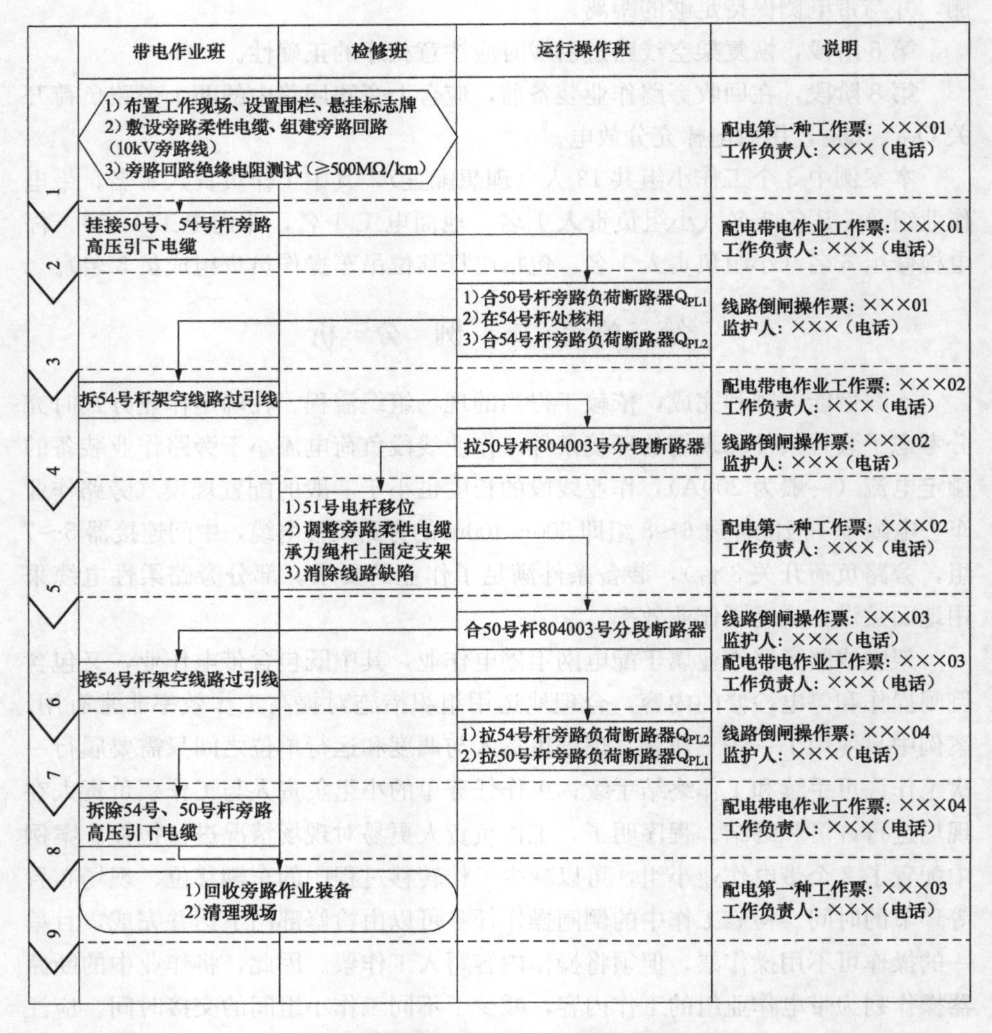


图 6-20　架空线路旁路作业现场组织流程图 2

引下电缆时只使用了一张配电带电作业工作票（按照安规，同一电压等级、相同工作内容、相同安全措施且依次进行的，不同线路上的带电作业工作可使用1张工作票），但并不能减少工作转移需要的时间。按照图6-20所示的现场组织流程，现场工作涉及3个班组共12人（理想配置），其中现场总负责人1名、带电作业班3人、倒闸操作班2人、检修班6人。

总体来说，图6-19所示现场组织流程优于图6-20。

## 第三单元　相关知识点

### 1. 旁路回路投入和退出运行的暂态过程与回路组建要求

旁路回路主要由高压旁路柔性电缆、旁路连接器组成。在现场敷设完毕并通过绝缘电阻检测（用2500V绝缘电阻检测仪检测，绝缘电阻值不小于500MΩ）后，通过带电作业的方式将旁路回路两端高压引下电缆的引流线夹挂接到架空线路。下面以图6-21为例说明旁路回路投入运行的暂态过程与回路组建要求。

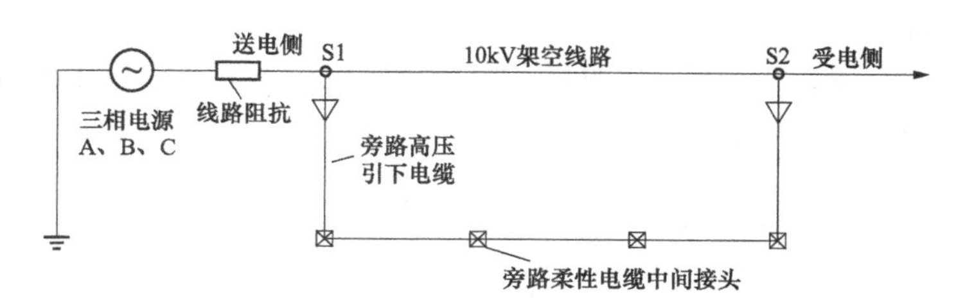


图6-21　架空线路旁路作业系统组建方案

旁路回路投入运行，即由带电作业人员将图6-21中旁路回路S1和S2两个引流线夹依次搭接到架空线路上。在搭接S1时，后端旁路柔性电缆为空载线路。由于导线振动，搭接点处有电弧断续燃烧（火花放电）。这种现象常见于带电搭接跌落式熔断器上引线等项目。但旁路回路比跌落式熔断器上引线长得多，电缆线路的电容效应也比架空线大得多，因此这种现象要强烈的多。搭接引流线夹可以描述为“合空线—切空线—合空线”这样的一个过渡过程，过渡过程产生过电压。由于导线振动在引流线夹和架空线之间造成很小的空气间隙，不需要很大电压就可击穿，因此过电压的幅值主要取决“合空线”过程，过电压幅值约为2.0p.u.。搭接过程中的电流为对空载旁路柔性电缆的充电、放电电流（充电电流为主要影响因素），与旁路容性电缆线路的长短有关。在搭接 S2 时，引流线夹与架空线路的电位基本一致（如架空线路负荷电流为 200A，旁路作业区段的架空线路长度为 300m，架空线路的阻抗值取 0.4Ω/km，则电位差为 24V，可忽略不计），无明显电弧。随着引流线夹与架空线之间紧固力越来越大，接触电阻越来越小，旁路回路的分流电流就越来越大。这个过程既不会产生过电压也不会产生过电流。

旁路回路退出运行，即是由带电作业人员依次从架空线路上拆除旁路回路的 S2 和 S1 两个引流线夹。在拆除引流线夹 S2 时，随着线夹越来越松弛，接触电阻越来越大，旁路回路的分流电流越来越小，直至引流线夹从架空线完全脱离，旁路回路的电流全部转移至架空线。这个过程也不会有过电压也不会有过电流产生。但在拆引流线夹 S1 即切除空载电缆线路的过程中，由于手动使引流线夹脱离架空线的操作速度远远慢于工频电压变化的速度，易引起间隙间电弧重燃，因此会产生较高幅值的过电压。电缆线路越长，过电压水平越高，可达到（3～4）p.u.。

虽然 10kV 配电网带电作业考虑的最大过电压为 4.0p.u.，但为保证搭接、拆除引流线夹 S1 时的作业安全，应在旁路高压引下电缆处（一般为 8～12m）串入旁路负荷开关 $Q_{P1}$ 以限制旁路空载电缆的长度。但是这样在搭接、拆除引流线夹 S2 时又成为断、接空载电缆，因此也需在旁路高压引下电缆处串入旁路负荷开关 $Q_{P2}$，即旁路回路应按照图 6-22 组建。

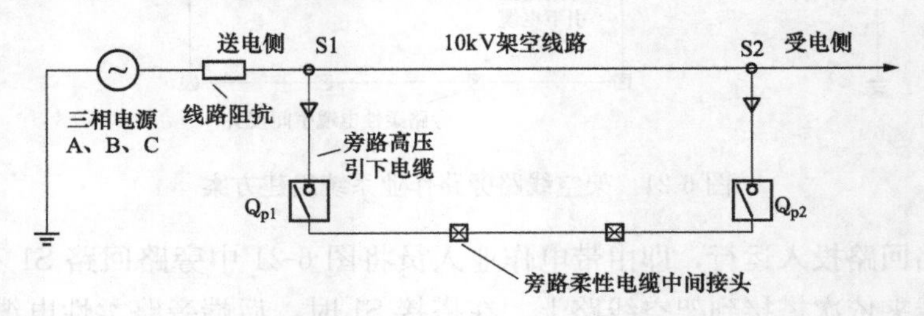


图 6-22　架空线路旁路作业系统改进组建方案

旁路负荷开关不但可以限制断、接引流线夹时空载旁路柔性电缆的长度，从而限制断、接过程中的过电压和过电流，而且可以通过核相保证接线的正确性。为保证运行操作人员的安全性，旁路负荷开关外壳需做好保护接地措施。图 6-23 为作业线段具有架空分支线路的旁路作业系统组建方案示意图。

由于架空线路的对地电容效应远小于电缆线路，因此检修段在退出运行及检修完毕投入运行，人工断、接引线时的过电压和过电流也远小于电缆线路，所以只要做好必要的安全防护就可以保证作业安全。

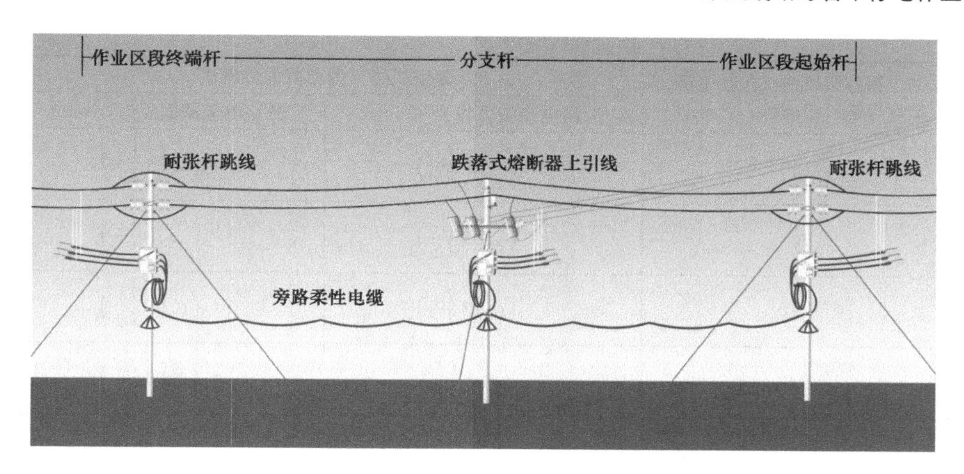


图 6-23　作业线段具有架空分支线路的旁路作业系统组建方案

## 2. 旁路电缆分流值经验公式

2013 年，中国电科院根据常见架空导线以及旁路电缆的阻抗值（见表 6-9），通过仿真计算及试验，验证了不同截面积和长度的架空导线和旁路柔性电缆并联运行时的经验公式（见表 6-10）。通过该表中所列数据与公式，工作人员可以根据现场实际情况，迅速估算出旁路电缆上的分流大小，对现场实际工作提供指导。

**表 6-9　　常见架空导线以及旁路电缆的阻抗值**

| 截面（$mm^2$） | 单位长度阻抗（Ω/m） | |
|---|---|---|
| | 铝、钢芯铝绞线（包括绝缘架空导线） | 旁路电缆（软铜） |
| 35 | $11.78\times10^{-4}$ | $6.541\times10^{-4}$ |
| 50 | $9.03\times10^{-4}$ | $4.836\times10^{-4}$ |
| 70 | $6.75\times10^{-4}$ | — |
| 120 | $4.76\times10^{-4}$ | — |
| 150 | $4.58\times10^{-4}$ | — |
| 185 | $3.96\times10^{-4}$ | — |

**表 6-10　　架空导线和旁路柔性电缆并联运行分流经验公式**

| 铝、钢芯铝绞线（包括绝缘架空导线）截面积，（$mm^2$） | 架空线路与旁路电缆分流比 | |
|---|---|---|
| | 旁路电缆截面积为 $35mm^2$ | 旁路电缆截面积为 $50mm^2$ |
| 35 | $1:\left(1.8\frac{L_1}{L_2}\right)$ | $1:\left(2.44\frac{L_1}{L_2}\right)$ |

续表

| 铝、钢芯铝绞线（包括绝缘架空导线）截面积，（mm²） | 架空线路与旁路电缆分流比 | |
|---|---|---|
| | 旁路电缆截面积为 35mm² | 旁路电缆截面积为 50mm² |
| 50 | $1:\left(1.38\dfrac{L_1}{L_2}\right)$ | $1:\left(1.86\dfrac{L_1}{L_2}\right)$ |
| 70 | $1:\left(1.03\dfrac{L_1}{L_2}\right)$ | $1:\left(1.39\dfrac{L_1}{L_2}\right)$ |
| 120 | $1:\left(0.73\dfrac{L_1}{L_2}\right)$ | $1:\left(0.98\dfrac{L_1}{L_2}\right)$ |
| 150 | $1:\left(0.7\dfrac{L_1}{L_2}\right)$ | $1:\left(0.95\dfrac{L_1}{L_2}\right)$ |

**注** 表中 $L_1$ 为架空线路长度，单位 m；$L_2$ 为旁路电缆长度，单位 m。

由于架空线路与旁路电缆分流情况还与旁路电缆组装工艺、架空线路搭接工艺（即接触电阻）有关，实际分流情况要复杂得多，因此表 6-8 数据仅供参考。

# 第七章

# 电缆不停电作业

## 第一模块　更换两环网柜间线路或设备

### 第一单元　案　　例

2014 年 6 月，某供电公司配电运检部组织更换两环网柜间电缆线路。经现场勘察，作业电缆线段两侧环网柜投入运行年限较长，开关间隔无带电显示装置可供核相，因此旁路回路（见图 7-1 所示）中需串接旁路负荷开关以供核相。在讨论施工方案时，对旁路回路投入运行的倒闸操作顺序产生分歧，并分别给出依据。

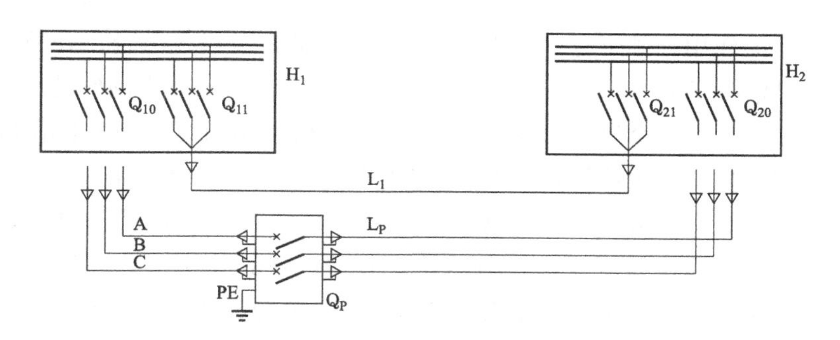


图 7-1　具有备用间隔的两环网柜间电缆线路检修旁路回路组建示意图

$H_1$、$H_2$—环网柜；$Q_{10}$、$Q_{20}$—环网柜备用开关间隔；$Q_{11}$、$Q_{21}$—环网柜开关间隔；$Q_P$—旁路负荷开关；$L_1$—待检修电缆；$L_P$—旁路回路

方案一：参照国家电网公司 2013 年 3 月下发的《10kV 电缆不停电作业指导书》和设备投入运行的常规要求即“先电源侧、再负荷侧”的操作顺序投入旁路回路：

1）电源侧环网柜（$H_1$）备用间隔开关（$Q_{10}$）检修改运行；

2）负荷侧环网柜（$H_2$）备用间隔开关（$Q_{20}$）检修改运行；

3）在旁路负荷开关（$Q_P$）处进行核相；

4）负荷侧环网柜（$H_2$）备用间隔开关（$Q_{20}$）运行改热备；

5）旁路负荷开关（$Q_P$）热备改运行；

6）负荷侧环网柜（$H_2$）备用间隔开关（$Q_{20}$）热备改运行。

方案二：按照国家电网公司企业标准（Q/GDW 710—2012）《10kV 电缆不停电作业技术导则》的资料性附录 B 的要求投入旁路回路：

1）电源侧环网柜（$H_1$）备用间隔开关（$Q_{10}$）检修改运行；

2）负荷侧环网柜（$H_2$）备用间隔开关（$Q_{20}$）检修改运行；

3）在旁路负荷开关（$Q_P$）处核相；

4）旁路负荷开关（$Q_P$）热备改运行。

最后，工作总负责人认为作业指导书下发的时间晚于技术导则，而且是总结了 2012 年国家电网公司 10kV 电缆不停电作业试点经验而制定的技术性文件，因此采用了方案一的倒闸操作流程。

## 第二单元　案　例　分　析

要判断案例中两个方案的优劣，首先必须了解旁路负荷开关的电气性能及其在作业中的作用。额定电压为 12kV 的旁路负荷开关最大关合、开断负荷电流 200A（或 400A）、电容电流 20A，相应的电气寿命为 20 次操作循环（关合一次、开断一次为一个操作循环）。某些型号的旁路负荷开关带有操作次数的自动计数器，但该计数器针对 3000 次操作循环的机械寿命而言，对实际工作并没有多大的意义。旁路负荷开关是配电网不停电作业专用的工具（装备），不能将其简单地当作常规开关设备看待，必须保证其使用寿命和使用中的安全。旁路负荷开关应尽量避免作为操作器件直接关合、开断负荷电流或大电容电流（线路空载电流），而应作为旁路回路投入运行前核相以及旁路回路投入、退出运行时转移负荷电流用。

旁路负荷开关作为操作器件使用时有关合负荷电流、分断负荷电流、关合空载线路、断开空载线路等几种情况。

（1）关合开关。关合前旁路负荷开关动、静触头间电压为相电压，在关合过程中当动、静触头间的距离缩短到一定程度时，作用于触头间的电压击穿绝缘间隙产生电弧，直到动、静触头接触合闸到位。如负荷侧线路为空载线路，则触头间的电弧为电容性电流引起的，在系统中将产生合空载线路过电压，合空载线路的过电压一般不超过 $1.5U_0$。如负荷侧线路带有负载，则触头间电弧为负载电流引起。

（2）开断开关。旁路负荷开关开断电路时，当动、静触头分离到位，直到空载电流电弧熄灭为止开关真正开断了电路。如负荷侧线路为空载线路，触头分离后，动、静触头间电压最大可为 2 倍相电压。如旁路负荷开关动、静触头间电气绝缘强度恢复速度较慢，则可能发生电弧复燃，在系统中产生切空载线路过电压，切空载线路过电压的幅值一般不超过 $3U_0$。

下面以图 7-1 为例分析旁路负荷开关作转移负荷电流作用时的工况。

（1）关合开关。当旁路回路（$L_P$）接线完毕，电源侧、负荷侧环网柜备用间隔开关（$H_1$、$Q_{10}$，$H_2$、$Q_{20}$）依次关合后，在旁路负荷开关（$Q_P$）相序无误时，旁路负荷开关动、静触头间的电压很小（负荷电流 200A、长度为 1km，阻抗按 0.08Ω/km 计算，电压为 16V）。因此关合过程中，无论动、静触头的间距为多少，都不会使其击穿产生电弧。当动、静触头一接触，电力电缆回路（$L_1$）的负荷电流立即以光速转移到旁路回路（$L_P$），且随旁路负荷开关（$Q_P$）动、静触头接触压力、接触面积的增大从而转移更多的负荷电流。

（2）开断开关。当旁路负荷开关（$Q_P$）用作转移负荷电流，即电力电缆（$L_1$）已检修完毕并投入运行后，先断开旁路负荷开关（$Q_P$），随着动、静触头间的接触压力、接触面积的不断减小，旁路回路（$L_P$）中的负荷电流随之迅速转移到电力电缆上。旁路负荷开关（$Q_P$）动、静触头分离时，其断口间的电压为 0，也不会产生电弧。

方案一虽然遵循了设备或线路投入运行时“先电源侧、再负荷侧”的操作顺序，而且考虑到旁路负荷开关关合负荷电流对其电气使用寿命的影响，避免将旁路负荷开关作为操作元件关合负荷电流，但实际上其旁路负荷开关的作业工况比方案二要恶劣。核相正确后拉开负荷侧环网柜（$H_2$）备用间隔开关（$Q_{20}$）的瞬间，假设电源电压正好交变为 $-U_m$，如图 7-2 所示。旁路负荷开关与环网柜（$H_2$）备用间隔开关（$Q_{20}$）之间的旁路柔性电缆的残余电荷虽然通过泄漏电阻按指数规律释放入地，但其下降的速度与电缆线路的绝缘电阻、气候潮湿程度等有关，而且电缆空载电容效应较大，存储的电荷量大，所以残压下降较慢。接下来操作人员转移至旁路负荷开关处，如在旁路负荷开关电源侧电压交变为 $U_m$ 的瞬间合上

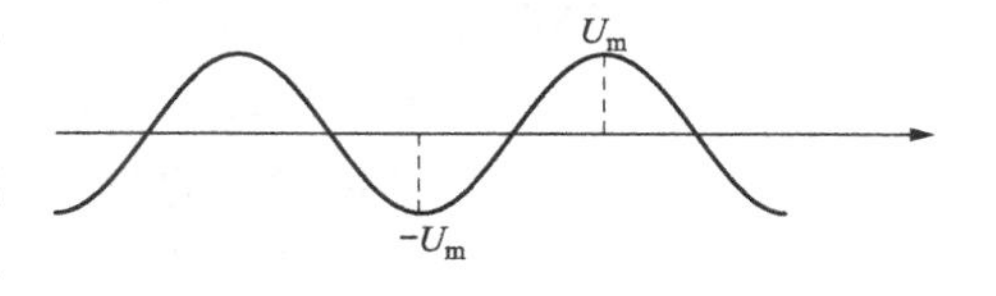

图 7-2　旁路回路倒闸操作电压曲线

旁路负荷开关，即使此时旁路负荷开关与环网柜（$H_2$）备用间隔开关（$Q_{20}$）之间的旁路柔性电缆的残压为$-0.5U_m$，则旁路负荷开关断口上的电压为$1.5U_m$。合闸时更易使断口击穿发生电弧，并产生比一般合空载线路过电压幅值更高的$2.5U_m$的操作过电压。

从以上分析可知，方案二优于方案一。它不但提高了作业的安全性，而且操作步骤更为简洁、效率更高。

同理，旁路回路退出运行时的倒闸操作流程应为：

（1）旁路负荷开关（$Q_P$）运行改热备；

（2）负荷侧环网柜（$H_2$）备用间隔开关（$Q_{20}$）运行改检修；

（3）电源侧环网柜（$H_1$）备用间隔开关（$Q_{10}$）运行改检修。

## 第三单元　相关知识点

### 1. 10kV开关站自动化设备调度典型命令和变电站电气设备四种状态

配电网不停电作业过程中通常有倒闸操作的内容，因此有必要了解调度命令以及电气设备的状态术语。

10kV开关站自动化设备调度典型命令有：

（1）运行。一次设备断路器“合”位，开关“三遥”功能投运状态；

（2）热备用。一次设备开关“分”位，开关“三遥”功能投运状态；

（3）运行非自动。一次设备开关“合”位，开关遥控功能退出状态；

（4）热备用非自动。一次设备开关“分”位，开关遥控功能退出状态；

（5）线路检修。一次设备开关“接地”位，开关遥控功能退出状态。

变电站电气设备的四种状态为：

（1）运行状态。是指设备的隔离开关、断路器都在合上位置或单侧的隔离开关在合上位置，将电源端至受电端的电路接通（包括辅助设备如电压互感器、避雷器等），所有的继电器保护及自动装置均在投入位置（调度有要求的除外），控制及操作回路正常。

（2）热备用状态。是指设备只有开关断开，而闸刀仍在合上位置，其他同运行状态。设备无开关的均无此状态，如电压互感器、避雷器、母线等；

（3）冷备用状态。是指设备的断路器、隔离开关都在断开位置；

（4）检修状态。是指设备上的所有断路器、隔离开关均断开，挂上接地线或合上接地刀闸，挂好工作牌，装好临时遮栏。对于三工位的环网柜，只有

“运行”“热备用”“检修”三种状态。

### 2. 10kV电缆不停电作业为什么不在中压电缆分支箱上实施

当容量不大的独立负荷分布较集中时，可使用电缆分支箱进行电缆多分支的连接，因为分支箱不能直接对每路进行操作，仅作为电缆分支使用，电缆分支箱的主要作用是将电缆分接或转接。目前主要选用以硅橡胶为主材的电缆接头防洪型电缆分支箱。其材质柔软，具有高弹性、高密度、全绝缘的特点。材料密封性能良好，具有防潮、防水、抗老化、抗阻燃、耐电晕和长期运行免维护等优点。因为硅橡胶与电缆采取过盈配合，径向收缩均匀度高，不会因热胀冷缩使内界面分离而产生内爬电击穿，同时对电缆本体有径向的持久压力，使内界面结合紧密可靠。硅橡胶是无毒材料，符合环保要求。

电缆分支箱采用插拔式接口，虽然其中一种型号为带电可拔插式电缆接头型电缆分支箱，但目前的电缆不停电作业不在电缆分支箱上实施。这是因为我国的供电系统为三相变压器供电，在拔插时不可能做到同时带电拔插。这样拔插将会造成中性点严重偏移，短时间内形成两相供电，严重的将造成大面积停电事故，对供电及设备带来不必要的经济损失。那么能不能插拔空载电缆临时取电呢？理论上是可行的。分支箱插拔头由于安装工艺、运行条件等因素，在生产现场带电插拔时并不像实验室中那么顺利，如果损坏固体绝缘引起泄漏将导致设备和人身事故。假如短时停电插拔电缆，需要停运上级环网柜相应配电间隔，操作时间较长，停电范围较大。

### 3. 环网柜结构及其电气接线

环网柜是一种将高压开关设备装在金属或非金属绝缘柜体内的电气设备。环网柜最初作为环网连接用的，其母线就是环形干线的一部分。它只需要分合额定电流，因此早期环网柜的基本型号只有一个空气负荷开关。环网柜结构简单可靠，加上熔断器后，就可对一般高压负荷提供一个廉价的解决方案。现在环网柜用在馈电的方案远比用在环网的方案多，它与普通高压开关柜的最大区别是主开关用负荷开关还是断路器。

环网柜一般分为空气绝缘、固体绝缘和 $SF_6$ 绝缘三种。环网柜中的负荷开关一般要求三工位，即接通负荷、断开负荷隔离电路、可靠接地。空气绝缘的负荷开关主要有产气式、压气式和真空式，还有 $SF_6$ 气体作为绝缘的负荷开关。产气式、压气式负荷开关在电路断开时，有明显的断开点，$SF_6$ 负荷开关

由于 $SF_6$ 气体封闭在壳体内，它的断口不可见。产气式、压气式和 $SF_6$ 式负荷开关易实现三工位。而真空灭弧室只能开断，不能隔离，需再串联一个隔离开关，以形成隔离断口。图 7-3 为典型的环网柜接线。

| 开关柜编号 | G01 | G02 | G03 | G04 |
|---|---|---|---|---|
| 方案编号 | HXGN15-12-02 | HXGN15-12-05 | HXGN15-12-05 | HXGN15-12-02 |
| 单线图 | | | | |
| 回路名称 | 1 号进线柜 | 馈线柜 | 馈线柜 | 2 号进线柜 |
| 负荷开关 | FLN36-12D | FLRN36-12D | FLRN36-12D | FLN36-12D |
| 高压熔断器 | | XRNT3A-12/40A | XRNT3A-12/25A | |
| 电流互感器 | LZZX-10Q<br>100/5A 0.5 级 | LZZX-10Q<br>50/5A 0.5 级 | LZZX-10Q<br>50/5A 0.5 级 | LZZX-10Q<br>100/5A 0.5 级 |
| 避雷器 | YH5WS-17/50 | | | YH5WS-17/50 |
| 带电显示装置 | PJ-863 | PJ-863 | PJ-863 | PJ-863 |
| 操作方式 | | | | |
| 柜宽×柜深×柜高 | 500×980×1600 | 500×980×1600 | 500×980×1600 | 500×980×1600 |

图 7-3 环网柜接线

HXGN□-12 系列空气环网柜（如：H-环网柜；X-箱式；G-固定式；N-户内）具有 15 种方案，其中：01 号方案为负荷开关熔断器柜；02 号方案为负荷开关柜，这两种柜都设有接地开关；09 号方案为计量柜。HXGN□-12 型环网柜柜体结构是用钢板弯制焊接组装而成，防护等级 IP2X。柜体上部为母线室，仪表室位于母线室的前部，用钢板分隔。柜体中部为负荷开关室，负荷开关与其他元件之间设有绝缘隔板。对于电缆进出线柜，其柜底装有可拆装的活动盖板；对于架空进出线柜，其柜顶可加装母线通道或遮栏架。该系列环网柜的外壳采用钢板弯制、螺钉紧固组装而成的金属全封闭结构。柜体由 4 根立柱、上盖板、下底板、前面板、后背板、侧板等组成。负荷开关柜正面有上、下两块用螺钉固定的门；负荷开关熔断器柜正面则有 3 块门板。门上有观察窗，可观察负荷开关和接地开关所处的位置；柜与柜之间母线连接为梅花触头插接形式，母线配有绝缘护套管。柜的顶部可根据用户要求，增设仪表箱。环网柜中安装的负荷开关为产气式的，无油无毒；配备的手动或电动操动机构为扭力弹簧储能机构，结构简单，操作力小。

### 4. 环网柜的“五防”功能

环网柜的“五防”功能与普通高压开关柜一样是为了保证运行及操作的安全，下面以 HXGN-10 型环网柜为例说明环网柜的“五防”功能。负荷开关、接地开关及正面板之间设有机械联锁装置，它们之间的操作关系如下：

（1）接地开关合闸后，负荷开关不能操作，正面板可以打开；

（2）接地开关分闸后，负荷开关可以操作，正面板不能打开；

（3）负荷开关分闸后，接地开关可以操作，正面板可以打开；

（4）负荷开关合闸后，接地开关不能操作，正面板不能打开。

### 5. 旁路柔性电缆车功能及结构

旁路柔性电缆车（见图 7-4）具有存放、运输及自动收放 10kV 旁路柔性电缆的功能，平时可作为存放旁路柔性电缆库房使用，便于旁路柔性电缆的运输管理和降低现场敷设的难度，可提高工作效率。

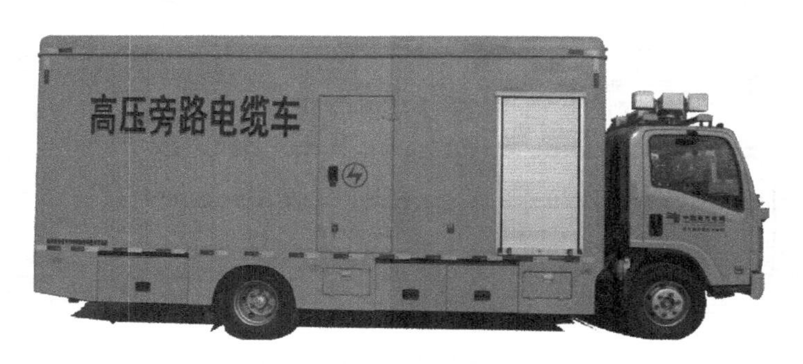


图 7-4　旁路柔性电缆车外观

车内配有一套自动化卷盘装置，最大可装设有 8 组电缆卷盘，每组 3 个电缆卷盘，共 24 个电缆卷盘，整车布置如图 7-5 所示。每个卷盘可卷入 50m 长度的 10kV 高压柔性电缆。电缆卷盘装置主要由环形轨道、三联电缆卷盘、卷盘驱动机构、起吊装置等组成。三联电缆卷盘 8 组横向并列安装在环形轨道内，通过电液机构驱动（与高架绝缘斗臂车一样，操作取力器从底盘取力）。

每组卷盘可按顺序逐个移动到车厢尾部指定收放线缆位置，每组卷盘在行驶状态均置于轨道下层，并带有同步自动锁紧机构以防止车辆在行驶过程中电缆卷盘移动和自转。一组卷盘装置放在收放线缆位置，可根据工作需要分别进行三个卷盘同时或单个卷盘电缆的收放，通过电液摩擦轮机构进行驱动。

电缆卷盘装置的控制系统是由多个感知传感器、逻辑可编程控制器、有线遥控器、电控液压阀和相应的液压执行机构组成的智能化电液控制系统，可以把许多复杂动作通过逻辑控制关系变得简单有序，并采用遥控盒进行操作，使布缆机构的操作更加安全舒适可靠。

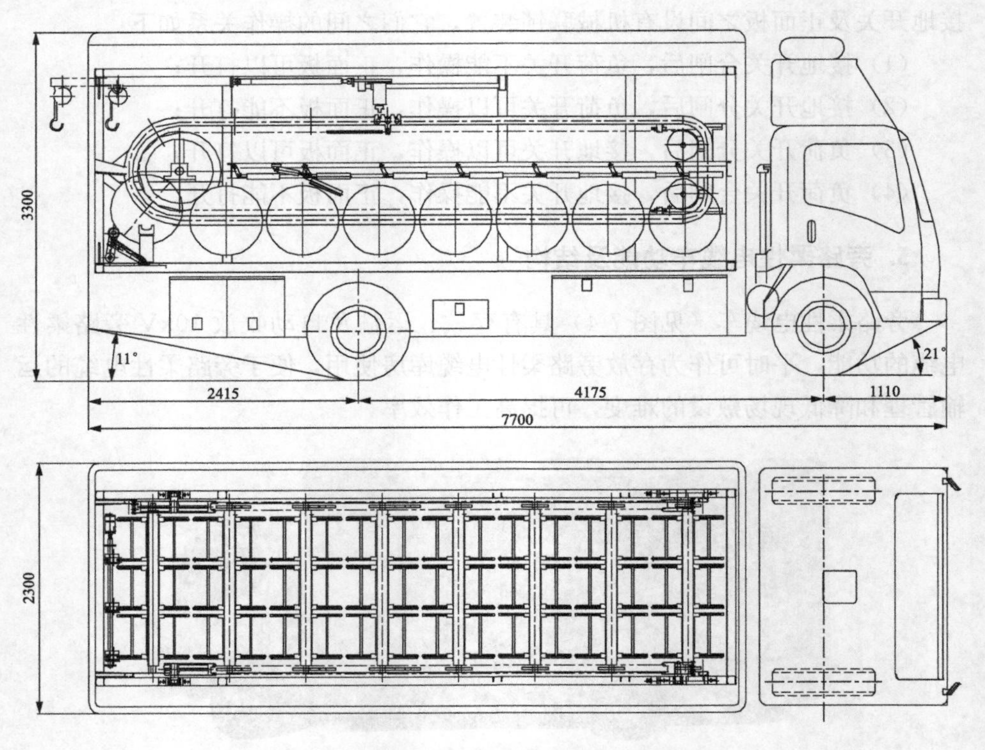


图 7-5　旁路柔性电缆施放车整车布置图

在车厢底部安装有 4 条液压垂直伸缩支腿，并能承受整车和货载总质量（装载质量可达 3000kg，整车总重可达 10000kg）；液压伸缩支腿的控制系统应安装在便于操作的位置，支腿采用两腿联动、四腿联控的操纵方式。在旁路柔性电缆施放车的内部有电缆长期停放时，以及现场施放电缆时，为避免底盘受重产生金属件疲劳变形，需要将支腿伸出受力。

### 6. 旁路作业设备的保护接地

无论是架空线路旁路作业还是电缆不停电作业（统称配电网综合不停电作业），在作业中均需组建旁路系统。旁路作业设备主要包括旁路负荷开关、旁路柔性电缆和旁路柔性电缆接头等。运行中作业人员需要操作旁路负荷开关、巡测旁路柔性电缆的载流情况等。按照电气设备运行的要求，对可触及的金属外壳均需做好保护接地的措施，以防止发生接触电压触电，且保护接地电阻应不大于 10Ω。负荷电流、过电压波通过旁路柔性电缆芯线时在其金属护层将出现普通或冲击性感应电压，接地保护可以有效避免作业人员发生接触电压触电。由于旁路作业设备结构自身的特点，旁路柔性电缆的金属护层借助旁路负荷开关或环网柜金属外壳采用两点甚至多点接地保护。

（1）架空线路旁路作业中保护接地的实现方法。图 7-6 为 10kV 架空配电线路旁路作业的旁路系统示意图。旁路负荷开关的外壳有专用的接地端子和接地线，旁路柔性电缆内部金属屏蔽层和铠装层（简称金属护层）通过电缆连接器（快速插拔式电缆终端、双通连接器、T 型连接器）实现互联，然后借助旁路负荷开关的快速插拔式接口在旁路负荷开关的外壳实现保护接地，如图 7-7 所示。

（2）10kV 电缆线路旁路作业的旁路作业设备保护接地的实现方法。图 7-8 为10kV 电缆线路旁路作业的旁路系统示意图。接入 10kV 环网柜（分支箱）的旁路柔性电缆终端具有接地保护线。旁路柔性电缆金属护层同样通过电缆连接器（快速插拔式电缆终端、双通接器、T 型连接器）实现互联后，借助环网柜外壳接地实现保护接地。

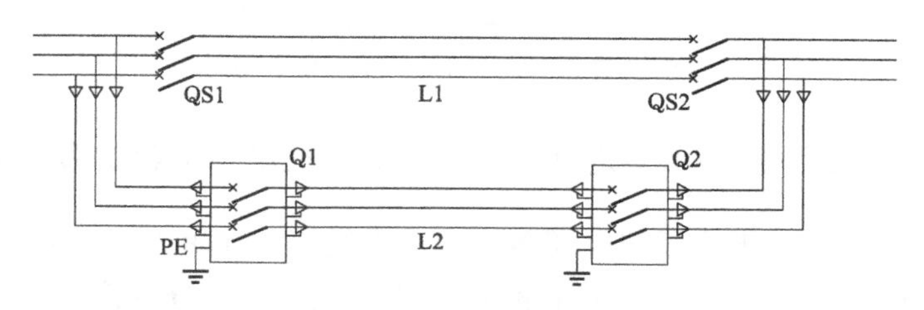


图 7-6　10kV 架空配电线路旁路作业的旁路系统示意图

L1—10kV 架空线路；L2—旁路回路；QS1、QS2—架空线路耐张杆开关或跨接线；
Q1、Q2—旁路负荷开关；PE—保护接地

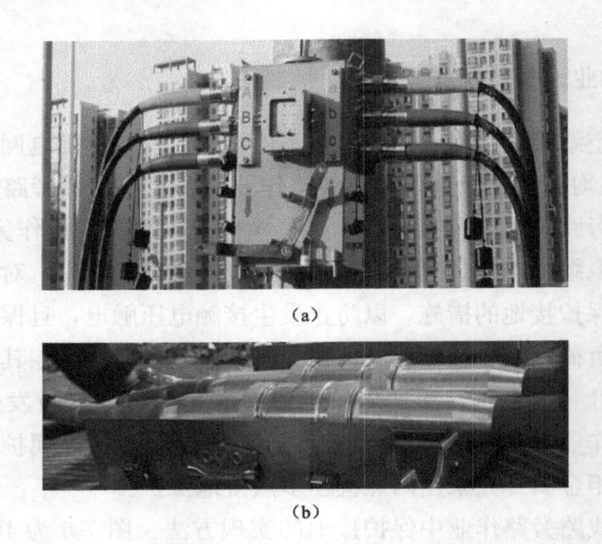

（a）

（b）

图 7-7　旁路设备对接示意图

（a）旁路柔性电缆快速插拔式终端与旁路负荷开关对接示意图；

（b）旁路柔性电缆快速插拔式终端与中间连接器对接示意图

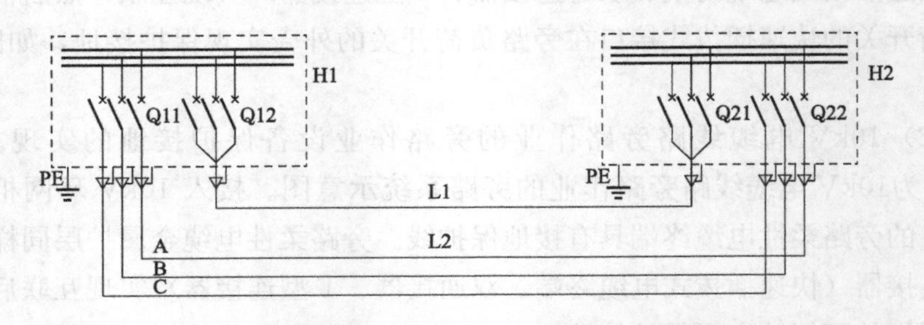


图 7-8　10kV 电缆线路旁路作业的旁路系统示意图

L1—待检修电缆线路；L2—旁路柔性电缆；H1、H2—环网柜；

Q11、Q12、Q21、Q22—开关间隔；PE—保护接地

## 7. 旁路回路采用多点接地保护后，旁路柔性电缆金属护套的环流

35kV 及以下电压等级的电缆多为三芯电缆，如 10kV 电力电缆。保护接地都采用两端接地方式。正常运行时，三芯电缆的线芯分别流过 A、B、C 三相交流电流，根据基尔霍夫电流定律，其相量和为零，因而在电缆的金属护层内基本没有交链的磁通，两端感应出的电压很小。因为金属护套两端接地，所以在其内流动的感应电流很小，基本可以忽略，其接地保护的作用也更好。

高压单芯电缆金属护层的保护接地方式通常采用护层一端直接接地，另一

端通过护层保护再接地；或护层中点直接接地，两端金属护层通过保护间隙再接地；或电缆换位金属护套交叉互联等方式。而金属护套两端接地的方式仅适用于电缆极短同时负载较小的电缆线路。国家电网公司规定在电缆不停电作业时，必须使用旁路柔性电缆组建旁路回路或临时取电回路。但由于旁路柔性电缆是单芯电缆，设置多点接地保护，在旁路柔性电缆投入运行后，金属护层环流导致电缆发热，不仅造成能量的损失，而且会降低其载流能力。

图 7-6 中，10kV 架空线路旁路作业系统的两台旁路负荷开关 Q1 和 Q2 之间的旁路柔性电缆两端通过旁路负荷开关的金属外壳而采取保护接地，图 7-6 中 10kV 旁路系统的两端通过环网柜金属外壳而采取保护接地。这时，旁路柔性电缆与普通高压单芯电缆一样，其芯线与金属护层组成了相当于变比为 1∶1的变压器，芯线通过电流时就会有磁力线交链于铠装层和金属屏蔽层，使其两端出现较高的感应电压，在金属护层、接地保护与大地构成的闭合回路中流过环流，其原理如图 7-9 所示。

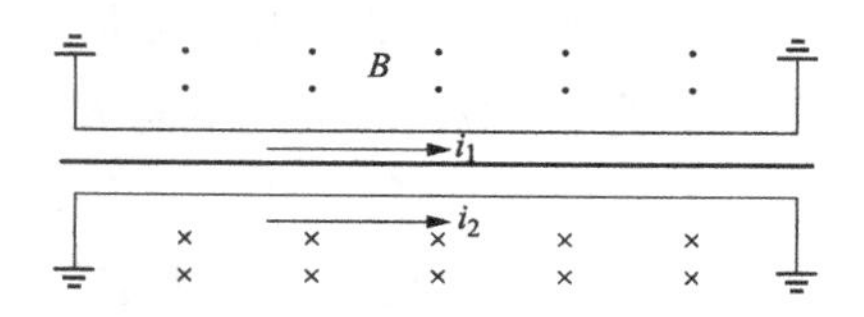


图 7-9 单芯电缆金属护层感应电流示意图
$i_1$—电缆芯线流过的电流；$i_2$—电缆金属护层感应电流；$B$—由 $i_1$ 产生并交链于电缆金属护层和大地构成回路的磁场

如果电缆芯线流过的电流为 $i_1=I_m\sin\omega t$，由 $i_1$ 生出的磁通为

$$\phi = L_1 \cdot i_1 = L_1 \cdot I_m\sin\omega t$$

式中 $L_1$——电缆芯线的自感系数。

假设所有的磁通都交链于电缆金属护层与大地构成的闭合回路，在金属护层上感应出的电动势 $e$ 为

$$e = -N\frac{d\phi}{dt} = -N \cdot \omega L_1 \cdot I_m\cos\omega t$$

式中 $N$——电缆金属护层与大地构成的闭合回路的匝数，1 匝。

则电缆金属护层上的环流为

$$i_2 = \frac{e}{Z} = -\frac{\omega L_1 \cdot I_m}{\sqrt{(\omega L_2)^2 + R_2^2}}\cos\omega t$$

式中 $Z$——电缆金属护层与大地构成的闭合回路的阻抗值；

$L_2$——该闭合回路的自感系数；

$R_2$——该闭合回路的电阻值（包括金属护层电阻、大地电阻以及金属护层接地体的接地电阻，主要影响因素为接地电阻）。

如果忽略电缆芯线和金属护层自感系数的差异，金属护层上的环流大小主要取决于接地电阻的大小，如果接地电阻为0，则金属护层上的电流有效值与芯线电流有效值相等。根据运行经验，单芯电缆的金属护层采用两端直接接地的接地保护方式，在金属护层上产生50%～95%线芯电流的环流。

在国家电网公司电缆不停电作业试点、推广和应用过程中，中国电科院高压研究所认为对短时使用并进行带电作业的旁路柔性电缆，采用一端接地，另一端安装过电压限制器方式不仅操作麻烦，而且存在安全隐患，并对旁路柔性电缆的金属护层环流进行了仿真计算。其计算过程为：假设导体电流 $I$=200A，三相电缆间距 $S$=15cm，金属屏蔽层半径 $r_s$=13mm，旁路柔性电缆长度 $L$=500m，经过计算得出电缆最大感应电压值为21V。旁路柔性电缆屏蔽层电阻计算为1.2Ω，取接地电阻 $R$=0.5Ω，接地环流约为12A。结论是环流不超过线芯电流的15%。为考虑短时带电作业的安全性，特规定旁路柔性电缆终端的两端应可靠接地，并规定了接地线的截面积。对长度超过500m的旁路柔性电缆，采取两端接地后，应用钳形表测量接地电流。如果电流超过20A，应在快速接头处采取多点接地方式。（注意：在电缆旁路作业中旁路回路投入运行后，其保护接地线被封装在环网柜内，无法用钳形电流表测量接地电流；架空线路旁路作业一般在作业区段两侧安装有旁路负荷开关，可在旁路负荷开关外壳接地保护线处测量接地电流。）

### 8. 旁路柔性电缆金属护套环流对测量分流电流准确性的影响

在配电网综合不停电作业中，当旁路系统组建完成，通过倒闸操作将其投入运行后，为了确认旁路系统的负载情况，按照作业流程需要使用钳形电流表测量其实际电流。但用钳形电流表测量不同位置的旁路柔性电缆时，测得的电流数值有一定的差别。图7-5中Q1和Q2至架空线路之间，旁路柔性电缆只在旁路负荷开关一侧采取了保护接地，其金属护套与大地之间不能构成回路，因此就不会有环流对测量的准确性造成影响，可测得约50%的负载电流。但图7-5中Q1、Q2之间以及图7-7中H1、H2之间，因为旁路柔性电缆金属护套两端通过旁路负荷开关或环网柜金属外壳接地后，在内部芯线电流和金属护套感应环流的共同作用下，钳形电流表不能正确测出旁路柔性电缆的实际负载电流。测得的电流应为

$$i = i_1 + i_2 = I_m \sin\omega t + \left(-\frac{\omega L_1 \cdot I_m}{\sqrt{(\omega L_2)^2 + R_2^2}}\cos\omega t\right)$$

根据上式可画出钳形电流表所测电流的函数曲线，如图 7-10 所示。钳形电流表测得的电流有效值应为 1～1.414 倍的芯线负载电流有效值。

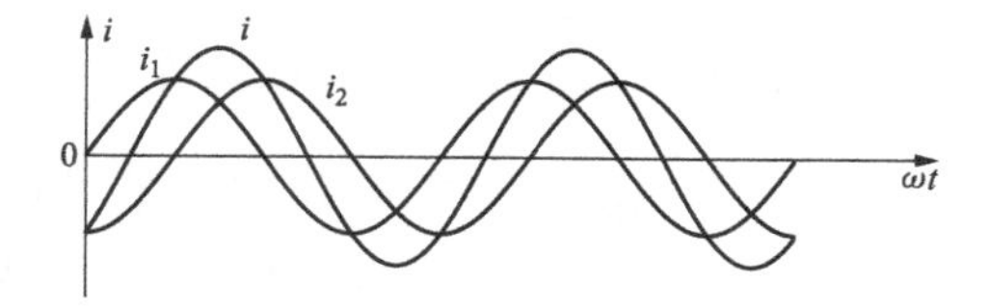


图 7-10 旁路柔性电缆金属护层两端直接接地时的各部位电流曲线图

$i_1$—电缆芯线流过的电流；$i_2$—电缆金属护层感应电流；$i$—钳形电流表测得的电流

从有限的资料可知，日本架空线路旁路作业中只采用一台旁路负荷开关，其目的可能就是为了避免柔性电缆金属护层上的环流。这种情况下，将旁路柔性电流挂接到架空线上时，应考虑其空载电流电弧的危险因素。

### 9. 硅脂在组装旁路作业设备时的作用及使用方法

绝缘硅脂是用硅油稠化而成的膏状物，主要适用于高压电缆附件（10kV 以上电力电缆接头及开关附件）和电气设备的绝缘、密封润滑及防潮，并能减少不稳定气候造成的材料表面的老化。适用温度范围－50～＋200℃。它与金属、陶瓷、塑料、密封胶良好相容。与硅橡胶互不干涉，互不影响，可以解决硅橡胶膨胀，导致很难拔出的问题；可防止电化腐蚀，使线路接触良好、安全可靠。使用时，应先清洁绝缘层表面，手工或用刷子或塑料棒将绝缘硅脂均匀涂敷于绝缘层表面。

### 10. 旁路作业设备和高架绝缘斗臂车整车接地保护用接地线规格及接地要求

架空线路旁路作业或电缆不停电作业中保护接地线的粗细和临时接地体的埋深应按照设备绝缘击穿、三相短路时系统短路容量的水平考虑。目前，根据我国城市配电网设计与规划标准的规定，10kV 配电网短路容量不大于 25kA。所以，应采用 $25mm^2$ 的具有透明护套的软铜线，临时接地体埋深不小于 0.6m。

高架绝缘斗臂车在高压电场下工作时，由于静电感应，车身具有一定的电位。当绝缘斗臂车绝缘性能降低，整车泄漏电流过大时，在车体也会造成一定的电位差。为了避免地面工作人员发生接触电压触电，需装设保护接地线。但是即使通过绝缘斗臂车发生单相接地，10kV 配电网（除中性点低阻抗接地方式的中压电缆网络外）单相接地电流不超过 30A，因此接地线的截面积只需 $16mm^2$，临时接地体埋深不小于 0.4m。

**11. 旁路作业装备的预防性试验**

在2012年以前，虽然较多的供电企业已配备了架空线路旁路作业装备并具备了作业能力，但每年的作业次数在个位数甚至于为0。为了减少交流耐压试验对旁路作业装备带来的累积破坏，大多数公司没有遵照预防性试验周期的要求，只在作业现场完成旁路回路组装后，测试旁路作业装备的整体绝缘电阻、直流电阻合格后，实施交流耐压试验。2012年，国家电压公司开展包括10kV电缆不停电作业在内的配网不停电作业工作以来，作业次数明显增加，装备的利用率也明显上升。因此，规范管理旁路作业装备就非常重要。旁路柔性电缆、旁路连接器和旁路负荷开关等旁路作业装备的预防性试验内容主要有表面检查、检测绝缘电阻和工频耐压试验。试验周期为每半年一次。

（1）表面检查：旁路柔性电缆表面应光滑，无开裂皱纹等。旁路连接器表面应光滑，无明显磨损碰撞痕迹；触头系统无明显损伤，闭锁装置牢固可靠。旁路负荷开关压力显示装置和失压闭锁装置正常，快速插拔接口表面应光滑，无明显磨损、碰撞痕迹；触头系统无明显损伤，闭锁装置牢固可靠。

（2）测量绝缘电阻：用2500V或5000V绝缘电阻测试仪测量绝缘电阻，旁路柔性电缆连接器与旁路柔性电缆组装在一起后整体绝缘电阻值应不小于500MΩ。旁路负荷开关的绝缘电阻不小于1000MΩ。

（3）交流耐压试验：旁路柔性电缆和旁路连接器的试验电压为$2U_0$（$U_0$=8.7kV），耐压时间为5min，应不闪络、不击穿。旁路负荷开关的试验电压为22kV，耐压时间为1min，应不闪络、不击穿。

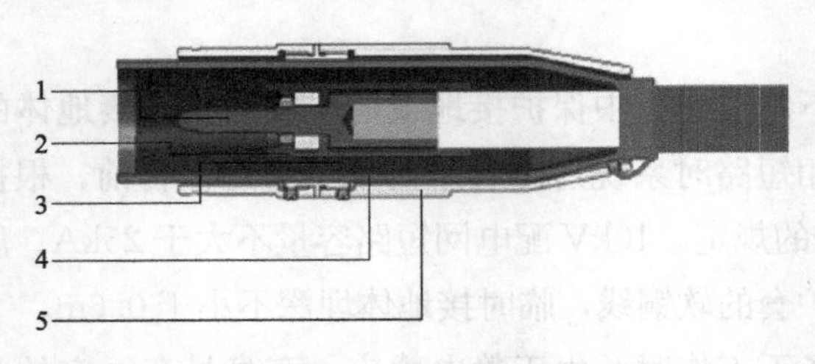

图7-11　旁路柔性电缆快速插拔接头结构图
1—触头；2—内半导电层；
3—绝缘层；4—外半导电层；5—外壳

**12. 一种旁路作业装备的试验工具**

在试验室对旁路柔性电缆和旁路连接器进行交流耐压试验，由于试验场地的限制，需要对旁路柔性电缆分组试验。从图7-11可以看出，旁路柔性电缆快速插拔终端电气触头与金属外壳之间的空气间隙很小。下面介绍一种旁路作业装备的试验工具，便于在旁路柔性电缆触头上施加试验电极，并防止插拔终端击穿。

旁路柔性电缆试验工具（见图 7-12）为绝缘、屏蔽和防水设计，符合 EN50181—1997 标准，适用于对 10kV 旁路柔性电缆进行绝缘、工频耐压和局部放电等电气性能的测试。为保证试验工具在试验中不先于试品击穿，其绝缘水平按照 20kV 考虑，采用高质绝缘材料制作。主要技术指标见表 7-1。

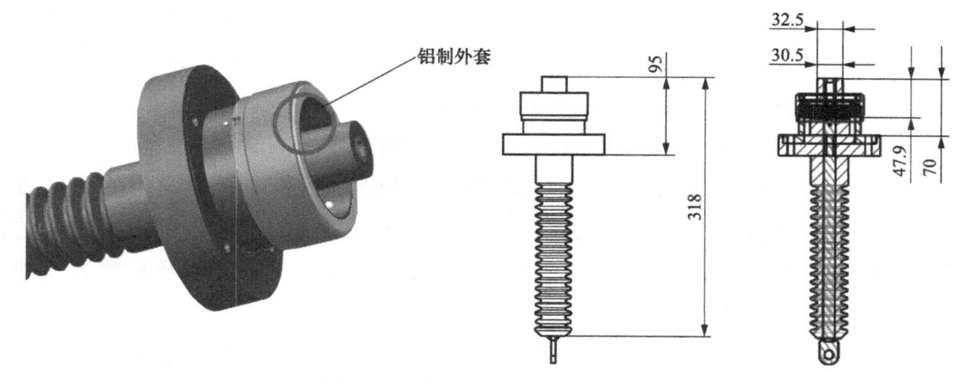


图 7-12　旁路柔性电缆试验工具

**表 7-1　　旁路作业装备试验工具技术参数**

| 序号 | 项目 | 要求 | 序号 | 项目 | 要求 |
|---|---|---|---|---|---|
| 1 | 额定电压(kV) | 20 | 6 | 22kV 局部放电电压（pC） | ＜10 |
| 2 | 额定电流(A) | 250 | 7 | 2s 热稳定电流（kA） | 30 |
| 3 | 1min 工频耐压(kV) | 55 | 8 | 动稳定电流（kA） | 105 |
| 4 | 15min 直流耐压(kV) | 78 | 9 | 适用环境温度（℃） | －35～＋70 |
| 5 | 1.5/50μs 雷电冲击电压(kV) | 150 | | | |

旁路柔性电缆试验时，先清洁旁路柔性电缆试验工具的接头部位并涂抹硅脂膏；再用含酒精的清洁纸巾擦拭旁路柔性电缆接头的绝缘层和半导电层部位，清除杂质及灰尘；取适量硅脂膏，将硅脂膏均匀涂抹在上面。在旁路柔性电缆头的一端接口塞入绝缘帽，使绝缘帽与电缆头紧密配合。将旁路柔性电缆试验工具装入另一端的旁路柔性电缆终端。注意：安装旁路柔性电缆试验工具时应先旋转铝制外套，使之对准定位销后压下铝制外套（图 7-12 圆圈处），转动并松开铝制外套使其闭锁，防止试验工具与终端脱落。然后，将试验工具放置于木架或其它绝缘物上使其绝缘良好，根据测试要求和测试项目的不同，将测试设备的输入线接在试验工具外置的孔中，并且通过铝制外壳接地。

**13. 旁路回路的管理**

由于旁路作业装备不仅用于 10kV 不停电作业，还用于带负荷更换柱上开关设备及架空线路旁路作业，通常由配电运维检修部带电作业班（室或中心）

进行日常管理。但在10kV电缆不停电作业项目中，特别是更换两个环网柜间的线路或设备时，主要工作由检修班、运行班来完成。带电作业班组主要敷设、组装、回收旁路回路和测试其整体绝缘电阻。有些单位在试点工作中，认为旁路电缆、旁路负荷开关属于带电作业班的设备，因此将旁路负荷开关的倒闸操作、旁路回路的负荷监测工作划归带电作业班。这是不妥当的，一来工作流程复杂化，二来工作界面模糊，不利于运行部门掌握旁路回路中的设备状态，不便于处理作业中可能出现的异常情况。

为保证作业责任明确、效率优先，旁路回路在现场的管理应：

1）按照双重命名的要求，统一旁路回路及旁路回路中开关设备的命名方式，并将其以文件形式进行发布。这样各有关部门只要看到以该种形式命名的线路或设备，就能知道是旁路作业中的临时线路或开关设备，能及时掌握及处理正常的或突发工作。

2）在旁路回路敷设、组装、试验合格，并由检修班组将旁路回路接入环网柜后，应出具竣工报告，由运行单位组织验收转为运行单位管理的设备。旁路负荷开关的倒闸操作和旁路回路的负荷监测等工作由运行单位完成。

# 第二模块　临　时　取　电

## 第一单元　案　　例

2014年11月，因道路施工需要，某供电公司由带电室牵头，运检班配合迁移10kV安亭540线上尚广场504环网柜（开关间隔为上商K5046号）至商贸中心505环网柜（开关间隔为商安K5051号）之间的电缆，现场平面布置如图7-13所示。

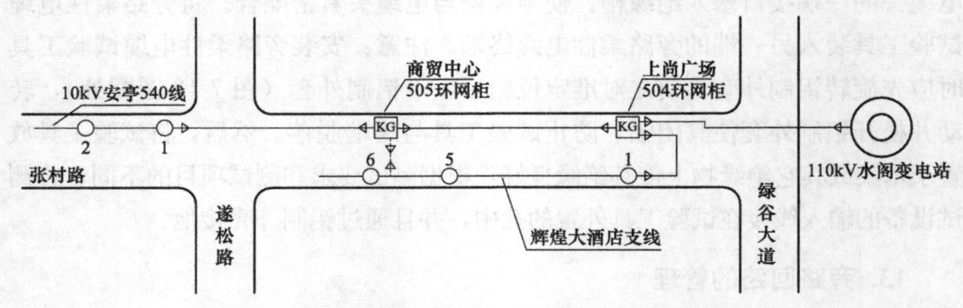


图7-13　临时取电项目平面布置图

为保证系统正常可靠运行，在迁移电缆之前，从10kV安亭540线辉煌大酒店支线 6 号杆临时取电至商贸中心 505 环网柜的备用 K5055 间隔，使之与原有电源合环运行，如图 7-13 中虚线所示。再将上尚广场 504 环网柜（开关间隔为上商 K5046 号）至商贸中心 505 环网柜（开关间隔为商安 K5051 号）之间的电缆退出运行。施工方案的组织流程如图 7-14 所示。

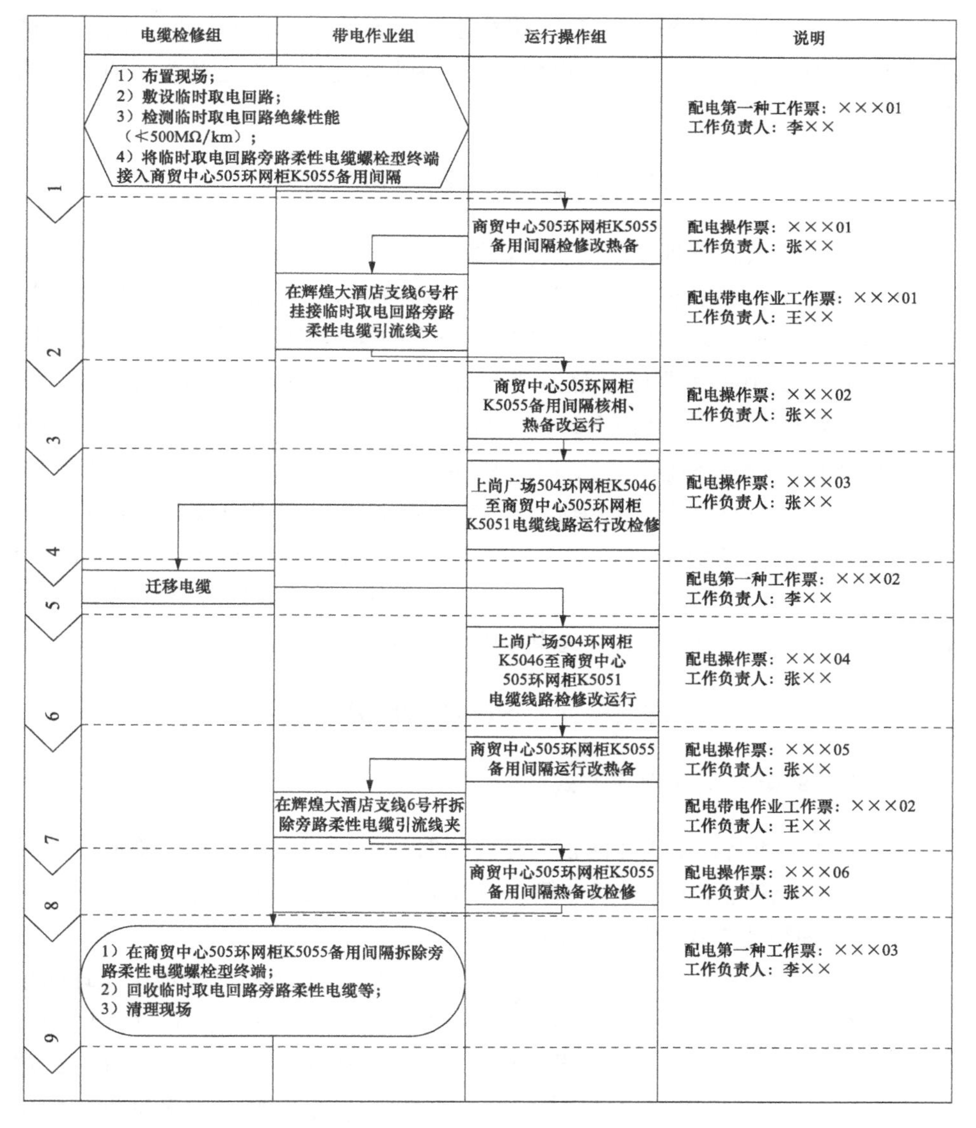


图 7-14　从架空线路临时取电至环网柜现场组织流程图

本次施工分为9个阶段，共填写了2张配电带电作业工作票，3张配电第一种工作票，6张配电操作票。

第1阶段：在测试临时取电回路绝缘电阻之后，应用放电棒逐相对旁路容性电缆进行充分放电。打开环网柜柜门，对备用间隔出线端进行验电确认无电后，才能接续旁路柔性电缆螺栓型终端。

第8阶段：由"商贸中心505环网柜K5055运行改检修"后，出线侧接地刀闸能起到对旁路柔性电缆放电的作用，因此拆旁路柔性电缆终端前无需用放电棒进行放电。

## 第二单元 案例分析

由于各供电公司管理要求的不同，如案例中第4阶段操作任务"上尚广场504环网柜K5046间隔至商贸中心505环网柜K5051间隔电缆线路运行改检修"的操作涉及两个环网柜，要求不同设备上的操作应使用独立的操作票。因此，第4阶段倒闸操作票可分解为"上尚广场504环网柜K5046间隔运行改热备""商贸中心505环网柜K5051间隔运行改检修"和"上尚广场504环网柜K5046间隔热备改检修"3张操作票。同理，第6阶段操作任务"上尚广场504环网柜K5046间隔至商贸中心505环网柜K5051间隔电缆线路检修改运行"也可分解为"商贸中心505环网柜K5051间隔检修改热备""上尚广场504环网柜K5046间隔检修改运行"和"商贸中心505环网柜K5051间隔热备改运行"3张操作票。这样，总共填写10张配电操作票。

## 第三单元 相关知识点

### 1. 临时取电方案的组建方式

10kV架空线路、中压环网柜可作为临时取电项目供电电源，临时负荷可以是0.4kV架空线路（低压配电箱）、10kV架空线路、中压环网柜。通过组合，可有6种组建方式，如图7-15所示。

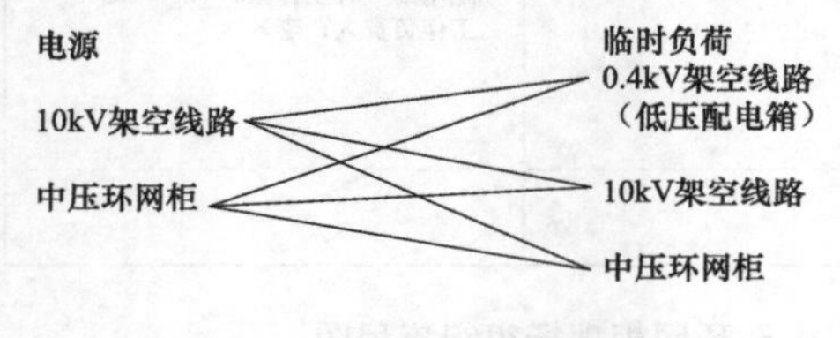


图7-15 临时取电组合方案

从10kV架空线路或中压环网柜取电至0.4kV架空线路（低压配电箱），需要使用移动负荷车（移动箱变车）。移动箱变车应尽量靠近低压负荷，以减小低压供电半径，提高供电电压。在 10kV 架空线路上取电时，应注意高压柔性电缆的长度。如果其长度超过 50m，为避免空载电流的影响，应用带电作业消弧开关在架空线路上逐相挂接或拆除引流线夹；或者使用旁路负荷开关进行分段，限制旁路负荷开关至架空线路之间的旁路柔性电缆不超过 50m。从 10kV 架空线路或中压环网柜取电至低压配电箱，在低压柔性电缆引流线夹接入低压配电箱时，低压配电箱宜处于停电检修状态。

从架空线路取电至环网柜，应采取限制高压柔性电缆空载电流的措施，在架空线路上挂接旁路柔性电缆引流线夹前，还应注意环网柜相应开关间隔应处于热备用位置（即出线侧接地开关已断开）。拆除引流线夹前，应检查环网柜相应开关间隔是否处于热备用位置，以确保旁路柔性电缆处于空载。临时取电回路退出运行，可以利用开关间隔出线侧接地刀闸放电，而无须用放电棒。

从 10kV 架空线路临时取电至 10kV 架空线路，如负荷侧架空线路初始状态为无电，在临时取电回路的电源侧串接旁路负荷开关；如负荷侧架空线路初始状态为有电且临时取电回路较长时（超过 100m），则应在临时取电回路的两端都串接旁路负荷开关。临时取电回路退出运行后应用放电棒逐相进行充分放电后才能回收。

### 2. 配网不停电作业中的核相

在电力系统环网和多电源电力网建设或检修中，在闭环点进行合闸操作时，如两路电源需要向同一个用电设备供电，或同一电源在不同的电气连接点进行再次连接时，核相检查是非常重要的。在带负荷更换杆架式配电变压器、架空线路旁路作业、电缆旁路作业或临时取电等配网不停电作业中，都贯穿核相的环节。在此进行总结和对比，见表 7-2。

**表 7-2　配网不停电作业中的核相点及方法**

| 序号 | 项目 | 核相点及核相方法 |
|---|---|---|
| 1 | 架空线路综合停电作业 | |
| 1.1 | 利用移动负荷车更换杆架式配电变压器 | 在移动负荷车低压侧空气断路器处，用同期合闸闭锁装置进行核相，或用万用表通过空气断路器断口两侧的取电装置进行核相。禁止进入移动负荷车内部，在空气断路器背后裸露的断口上进行核相 |
| 1.2 | 架空线路旁路作业 | 在负荷侧旁路负荷开关处利用其自带核相装置或便携式核相仪、万用表进行核相 |

续表

| 序号 | 项目 | 核相点及核相方法 |
| --- | --- | --- |
| 2 | 电缆不停电作业 | |
| 2.1 | 电缆旁路作业 | 1）利用旁路回路负荷侧环网柜相应开关间隔与另一回路各自出线侧带电显示装置，使用万用表进行核相；<br>2）如环网柜处无法核相，则在旁路回路中串入旁路负荷开关，利用其自带核相装置或便携式核相仪、万用表进行核相 |
| 2.2 | 临时取电作业 | |
| 2.2.1 | 10kV架空线路、中压环网柜临时取电至0.4kV架空线路（不停电） | 在移动负荷车低压侧空气断路器处，用同期合闸闭锁装置进行核相，或用万用表通过空气断路器断口两侧的取电装置进行核相 |
| 2.2.2 | 10kV架空线路临时取电至10kV架空线路（不停电） | 在临时取电回路中串入旁路负荷开关，利用其自带核相装置或便携式核相仪、万用表进行核相。如临时取电回路较长（超过100m），有两台旁路负荷开关（与架空线路的距离不大于50m），则在负荷侧旁路负荷开关处进行核相 |
| 2.2.3 | 10kV架空线路临时取电至中压环网柜（不停电） | 1）利用环网柜相应开关间隔与另一回路各自出线侧带电显示装置，使用万用表进行核相；<br>2）如环网柜处无法核相，则在临时取电回路中靠近架空线路处（不大于50m）串入旁路负荷开关，利用其自带核相装置或便携式核相仪、万用表进行核相 |
| 2.2.4 | 中压环网柜临时取电至10kV架空线路（不停电） | 如环网柜处无法核相或临时取电回路较长（超过50m），在架空线路一侧串接旁路负荷开关，在旁路负荷开关处进行核相。否则可利用环网柜相应开关间隔与另一回路各自出线侧带电显示装置，使用万用表进行核相 |
| 2.2.5 | 中压环网柜临时取电至中压环网柜（不停电） | 1）利用临时取电回路负荷侧环网柜相应开关间隔与另一回路各自出线侧带电显示装置，使用万用表进行核相；<br>2）如环网柜处无法核相，则在临时取电回路中串入旁路负荷开关，利用其自带核相装置或便携式核相仪、万用表进行核相 |

表7-2中，临时取电项目在负荷侧设备或线路带电情况下组建的临时取电回路，其实也是旁路回路。在旁路负荷开关处核相正确后，直接合上旁路负荷开关是一个转移负荷电流的过程，对其使用寿命的影响比合空载线路要小得多。

如临时取电项目负荷侧设备或线路处于停电检修的状态，则重点考虑相序的正确性，不然会引起三相设备的非正常运行，如电动机反转。高压线路的相序可用高压无线核相仪自带的核相序功能来校核，低压线路或设备可用低压相序表。

### 3. 一种高压无线核相仪的使用方法

核相仪是配网运行、配网不停电作业中常用的一种电工仪表。这里介绍SEWXY高压无线核相仪，它具有验电、核对相位及相序的功能，如图7-16所示。使用方法如下：

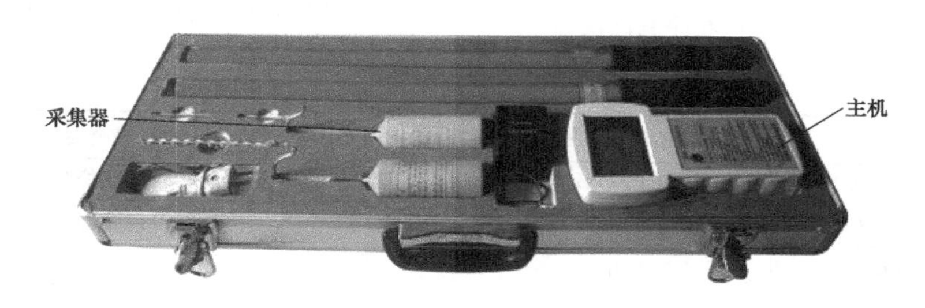


图7-16　SEWXY高压无线核相仪

（1）先将X和Y采集器分别挂到同一高压线路上，主机显示屏应显示X、Y同相。

（2）在高压线核相时应分别将X和Y采集器按以下方法排列进行核相：$AA'$同相0°左右，$AB'$不同相120°左右，BB′同相0°左右，BC′不同相120°左右，CC′同相0°左右。

（3）如果要得到精确数值，应将其中一个采集器放到高压线一个采集点上不动，再将另一采集器围绕高压线另一采集点前后左右移动，以找出最精确的相位角度。

（4）在测量线路的电压大于或等于10kV时，X和Y采集器可直接同时放在导线或绝缘皮上进行核相。

（5）测相序。假设某条线为A相，将X放在A相上，Y放在另一相上。如显示120°，则说明是顺相序，该相应为“B”；如显示240°则是逆相序，该相应为“C”。

（6）验电。将其中一个采集器挂在高压线上，如主机屏幕显示相应采集器的符号，则说明该高压线有电。相反，如主机屏幕不显示该采集器的符号，则说明该高压线无电。

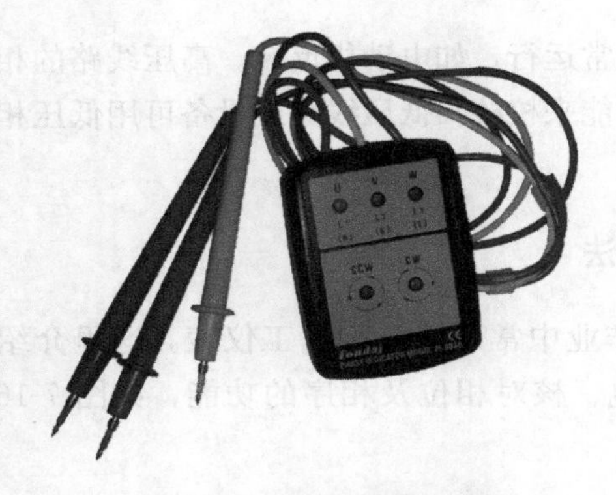

图 7-17 数码相序测试仪

**4. 一种相序测试仪的使用方法**

相序判别可使用低压相序表，图 7-17 为供电部门常用的一种数码相序测试仪，型号为 PI-8030，其适用电压为三相交流 200～480V，频率范围 20～400Hz。测试时，红色对应 L1（R），黑色对应 L2（S），蓝色对应 L3（T）。相序判别方法如表 7-3 所示。

表 7-3 相序判别方法

| | 开放相位检查 LED | 相位连续检查 LED | 蜂鸣器 |
|---|---|---|---|
| 正确相序（CW） | 三个橙色 LED 均亮 | 绿色 LED 亮 | 间歇蜂鸣 |
| 错误相序（CCW） | 三个橙色 LED 均亮 | 红色 LED 亮 | 持续蜂鸣 |
| 开放相位（仅一个相位） | 指向开放相位的 LED 不亮 | 红、绿 LED 皆不亮 | 持续蜂鸣 |

# 第八章

# 配网不停电作业风险源

配网不停电作业风险源的内容涉及“人员管理”“工器具管理”“作业流程管理”和“作业项目特殊风险因素”四个方面，既有管理组织上的风险因素，又有作业流程中的技术风险因素。

## 第一模块　配电架空线路带电作业的危险源

表8-1中，前三个部分的内容为通用部分，共37条；“作业项目特殊风险因素”按照Q/GDW 520-2010《10kV架空配电线路带电作业管理规范》配电带电作业项目4类33项，根据作业项目特点进行分析，共列举了197条。作业班组可根据附表中的内容按照“通用部分”＋具体“作业项目特殊风险因素”在作业前进行对照，并落实现场的安全措施，并对现场工作进行自查自纠。相关责任部门可根据表8-1中的内容按照“通用部分”＋具体“作业项目特殊风险因素”对现场工作进行检查，并下达整改任务单要求作业班组进行改进。

**表8-1　　配电架空线路带电作业的危险源及其控制措施**

| 序号 | 控制节点（项目名称） | 风险因素 | 控制措施 | 条数 |
|---|---|---|---|---|
| 1 | 人员管理 | | | |
| 1.1 | 培训 | 作业人员技能和管理水平低下 | 应经专门培训取得作业项目相应的资格证书 | 1 |
| 1.2 | 上岗资格认证 | 1）作业人员无上岗资格证 | 应经实习和获得单位批准取得作业项目的上岗资格 | 2 |

续表

| 序号 | 控制节点（项目名称） | 风险因素 | 控制措施 | 条数 |
| --- | --- | --- | --- | --- |
| 1.2 | 上岗资格认证 | 2）带电作业工作票签发人和工作负责人、专责监护人无相应资质，缺乏实践经验 | 工作负责人和工作票签发人应具有3年及以上的实践经验，并经单位批准公布 | 2 |
| 2 | 工器具管理 | | | |
| 2.1 | 绝缘工器具库房管理 | 绝缘工器具保管不当，机电性能降低 | 1）库房湿度≤60%；室内外温度差≤5℃（或硬质绝缘工具、软质绝缘工具、检测工具、屏蔽用具的存放区，温度宜控制在50～40℃内；配电带电作业用绝缘遮蔽用具、绝缘防护用具的存放区，温度宜控制在10～21℃）；<br>2）绝缘工器具放置高度距地面应高于20cm；<br>3）及时处理绝缘性能受损的绝缘工器具；<br>4）按照预防性试验周期进行试验，并满足试验要求；<br>5）库房不得存放酸、碱、油类和化学药品等，以免污染绝缘工器具 | 1 |
| 2.2 | 绝缘工器具运输管理 | 绝缘工器具保管不当，机电性能降低 | 绝缘工器具应放置在干燥的专用的箱或袋内，不得与金属工器具、材料混放 | 1 |
| 2.3 | 绝缘工器具现场管理 | 1）绝缘工器具保管不当，机电性能降低 | 1）绝缘工器具不得与金属工器具、材料混放；<br>2）绝缘工器具应放置在防潮垫上 | 3 |
| | | 2）不能及时发现绝缘工器具的绝缘和操作缺陷 | 1）作业前，应用干燥清洁的毛巾逐件擦拭绝缘工器具，并作外观检查；<br>2）用2500V及以上的绝缘电阻检测仪和标准电极分段检测绝缘工具（绝缘操作杆、绝缘绳）的绝缘电阻≥700MΩ；<br>3）在湿度大于80%的情况下，绝缘工器具户外暴露时间超过4h的，应使用移动库房进行管理 | |

续表

| 序号 | 控制节点（项目名称） | 风险因素 | 控制措施 | 条数 |
|---|---|---|---|---|
| 2.3 | 绝缘工器具现场管理 | 3）新工具未经验证投入使用 | 研制的新工具，应经验证和经本单位批准后，方可投入使用 | 3 |
| 2.4 | 绝缘斗臂车库房管理 | 绝缘斗臂车保管、保养不善，机电性能、操作性能降低 | 1）库房应规范配置除湿、烘干装置；<br>2）应按照预防性试验周期进行试验，并进行日常检查 | 1 |
| 3 | 作业流程管理 | | | |
| 3.1 | 作业计划 | 计划管理混乱，任务来源不明确 | 1）配电带电作业计划应纳入市、县公司月度生产计划、周生产计划统一管理，并发文下达；<br>2）无法纳入计划管理的临时性作业或抢修，应有工作任务单或联系函等书面管理依据；<br>3）作业项目应经试验、论证、验收和经本单位批准 | 1 |
| 3.2 | 现场勘察 | 未组织现场勘察或现场勘察记录对工作缺乏指导作用 | 1）带电作业工作应组织现场勘察；<br>2）现场勘察人员应是工作票签发人或工作负责人；<br>3）勘察要素应明确，记录完整，勘察内容具有针对性（包含同杆塔架设线路及其方位和电气间距、作业现场条件和环境及其他影响作业的因素）；<br>4）现场停放绝缘斗臂车的道路坡度≤7°，地面坚实，并便于设置绝缘斗臂车接地的位置，绝缘斗臂车拟停放的位置满足绝缘斗臂车作业范围 | 1 |
| 3.3 | 工作票签发 | 1）工作不具备必要性、安全性的情况下签发工作 | 工作票签发人应根据现场勘察情况，和结合工作的重要程度，对工作的安全性和必要性负责 | 4 |
| | | 2）工作班成员配置不合理 | 1）工作负责人和工作票签发人不得兼任；<br>2）工作班成员的数量配置应充分，绝缘杆作业法常规作业项目一般不得少于4人（工作负责人1名，杆上电工2名，地面电工1名），绝缘手套作业法常规项目不得少于3人（工作负责人1名，斗内电工1名，地面电工1名）；<br>3）作业人员的资质应满足要求，作业项目应经培训考试合格，并经单位批准 | |

续表

| 序号 | 控制节点（项目名称） | 风险因素 | 控制措施 | 条数 |
| --- | --- | --- | --- | --- |
| 3.3 | 工作票签发 | 3）工作票信息不完整或错误 | 1）工作票中的工作条件除注明采用的带电作业方法外，还应注明运维人员应采取的安全措施，如作业点负荷侧需要停电的线路、设备和应装设的安全遮栏（围栏）、悬挂的标示牌等；<br>2）工作票中的安全注意事项应具有针对性 | 4 |
| | | 4）没有编制相应的施工方案或现场标准化作业指导书 | 每项配电带电作业均应编制使用标准化作业指导书，架空线路四类作业、电缆不停电二类和三类作业项目应编制应用详细的实施方案 | |
| 3.4 | 现场复勘 | 1）工作地点错误 | 到达现场应核对线路名称或设备的双重命名 | 4 |
| | | 2）装置条件与前期勘察结果不符，不满足作业条件 | 到达现场应与运维人员一起确认安全措施已经落实，并检查作业装置、杆根、杆身等情况 | |
| | | 3）气象条件不满足作业要求 | 应在良好的天气下进行作业，到达现场应实测湿度≤80%、风速≤5级 | |
| | | 4）作业环境与前期勘察结果不符，不满足停放绝缘斗臂车，工器具现场管理等要求 | 到达现场应检查作业环境，正确布置工作现场，及时补充和落实安全措施 | |
| 3.5 | 工作许可 | 过电压伤害 | 1）现场工作前，工作负责人应与值班调控人员或运维人员联系；<br>2）需要停用重合闸的作业和带电断、接引线时应与值班调控人员履行许可手续；<br>3）禁止约时停用线路重合闸装置 | 1 |
| 3.6 | 现场站班会 | 分工不明确，安全措施不能落实到位 | 1）分工、责任明确；<br>2）责任人能力与分工应相匹配，责任人精神状态饱满；<br>3）工作班成员应穿棉质工作服，正确配电安全帽，脚穿绝缘鞋。杆上（斗内）电工禁止佩戴项链和携带移动电话 | 1 |

续表

| 序号 | 控制节点（项目名称） | 风险因素 | 控制措施 | 条数 |
| --- | --- | --- | --- | --- |
| 3.7 | 作业现场布置 | 1）无关人员进入工作区域，受到高空落物打击 | 1）设置围栏，围栏设置满足高空坠落半径；<br>2）现场警示标识或标识齐全明显 | 4 |
| | | 2）绝缘斗臂车倾覆，高空坠落 | 1）绝缘斗臂车水平支腿尽量伸出；<br>2）支腿设置坚实路面，软土地面应使用枕木或垫板；<br>3）整车离地，整车水平度≤3° | |
| | | 3）绝缘斗臂车电气、机械、液压系统缺陷，作业中失去控制 | 绝缘斗臂车应在下部操作台进行充分的试操作，试操作时应空斗进行 | |
| | | 4）感应电触电 | 绝缘斗臂车整车接地，接地线≥$16mm^2$，接地棒埋设深度≥0.4m | |
| 3.8 | 杆上作业 | 1）没有正确使用个人防护用具，作业中发生触电 | 1）绝缘杆作业法，杆上电工应戴绝缘手套、绝缘披肩；绝缘手套作业法，斗内电工应穿绝缘服或绝缘披肩、绝缘袖套，戴绝缘手套和绝缘安全帽、穿绝缘靴等；<br>2）作业中，禁止摘下或脱下个人绝缘防护用具；<br>3）作业中有断、接引线环节的工作，斗内（杆上）电工应戴护目镜 | 6 |
| | | 2）安全距离、绝缘工具有效绝缘长度不满足要求或绝缘遮蔽措施不到位，导致触电 | 1）作业时相对地安全距离≥0.4m，相间≥0.6m，不满足要求的情况下应设置绝缘遮蔽措施；<br>2）按照“从下到上，由近及远、先大后小”的原则设置绝缘遮蔽措施；<br>3）绝缘遮蔽范围为人体活动范围加上0.4m内可以触及的异电位物体，绝缘或绝缘遮蔽措施应严密牢固，绝缘遮蔽组合之间的重叠长度≥15cm； | |

续表

| 序号 | 控制节点（项目名称） | 风险因素 | 控制措施 | 条数 |
|---|---|---|---|---|
| 3.8 | 杆上作业 | 2）安全距离、绝缘工具有效绝缘长度不满足要求或绝缘遮蔽措施不到位，导致触电 | 4）作业中有主绝缘保护作用的绝缘杆及绝缘绳索有效绝缘长度不满足要求（标准值：绝缘杆≥0.7m；承力工具≥0.4m）；<br>5）作业中，绝缘斗臂车伸缩式绝缘臂有效绝缘长度≥1.0m，金属臂与带电导体间距离≥0.9m | 6 |
| | | 3）高空坠落 | 1）作业中应全过程使用安全带：绝缘手套作业法应使用绝缘安全带；绝缘杆作业法杆上作业电工应正确使用安全带和后备保护绳，不得在换位中失去安全带的保护；<br>2）绝缘斗臂车工作斗、绝缘平台、脚扣、升降板等不得超载使用；<br>3）绝缘斗臂车工作斗内不得放置垫板（块），防止垫块滑动致使斗内电工站立不稳定，从斗内跌出 | |
| | | 4）高空落物、重物打击 | 1）工器具、材料应使用吊绳上下传递；<br>2）吊绳绑扎物件的绳扣、绑扎部位等应选择正确，绑扎牢固；<br>3）地面工作人员（工作负责人、专责监护人和地面电工）不得站在绝缘斗臂车的绝缘臂和绝缘斗下方 | |
| | | 5）监护不到位 | 1）监护人监护的范围不得超过一个作业点，不得直接参与作业；<br>2）杆上作业人员应在监护人的监护下进行换相工作转移 | |
| | | 6）其它 | 1）在带电作业区域，绝缘斗臂车工作斗移动速度过快，工作斗外沿速度≤0.5m/s；<br>2）绝缘斗臂车工作斗内工器具金属部件不得超出工作斗沿面 | |

续表

| 序号 | 控制节点（项目名称） | 风险因素 | 控制措施 | 条数 |
|---|---|---|---|---|
| 3.9 | 工作间断、转移 | 1）作业中，线路突然停电 | 1）应视线路仍然带电，杆上（斗内）作业人员撤除带电作业区域；<br>2）工作负责人应尽快与调度控制中心或设备运维管理单位联系，值班调控人员或运维人员未与工作负责人取得联系前不得强送电 | 5 |
| | | 2）作业中，相关设备发生故障 | 工作负责人发现或获知相关设备发生故障，应立即停止作业，撤离人员，并立即与值班调控人员或运维人员取得联系 | |
| | | 3）作业中，与作业线路有联系的馈线进行倒闸操作 | 工作负责人由值班调控人员或运维人员告知倒闸操作任务时，应立即停止作业，撤离带电作业区域 | |
| | | 4）工作班人员变化 | 1）高温或工作时间较长，杆上（斗内）、杆下作业人员应交替工作，在工作间断恢复工作前，应重新进行安全技术交底并确认；<br>2）由于特殊原因，工作负责人、专责监护人发生变动，应执行工作间断制度，重新进行安全技术交底并确认 | |
| | | 5）天气突然变化 | 停止作业 | |
| 3.10 | 工作终结 | 杆塔、现场有影响线路、设备安全运行的遗留物 | 1）撤除绝缘遮蔽措施前，应检查杆塔、导线、绝缘子及其他辅助设备上无遗留物；<br>2）撤离工作现场前，应清扫整理，不应留有影响交通的遗留物 | 1 |
| 4 | 作业项目特殊风险因素 | | | |
| 4.1 | 临近带电体作业或绝缘杆作业法，修剪树枝、清除异物、拆除废旧设备及普通消缺 | 1）重合闸过电压 | 1）应停用作业线路变电站内开关的自动重合闸装置；<br>2）馈线自动化配电网络，应停用作业点来电侧分段器的自动合闸功能 | 3 |
| | | 2）高空落物 | 应对被修剪的树枝作有效控制，避免砸落时压住导线和斗内作业人员、车辆 | |
| | | 3）动作幅度大，引发短路事故 | 在拆除风筝等异物以及修剪树枝时控制动作幅度 | |

续表

| 序号 | 控制节点（项目名称） | 风险因素 | 控制措施 | 条数 |
| --- | --- | --- | --- | --- |
| 4.2 | 绝缘杆作业法更换避雷器 | 1）装置不符合作业条件，接触电压触电 | 登杆前，应检查避雷器外观及接地引下线和接地体的情况：<br>1）避雷器损坏、有明显接地现象，禁止作业；<br>2）避雷器接地引下线缺失情况下，禁止作业；<br>3）接地体不良的情况下，应加强接地措施后才能登杆作业 | 2 |
| | | 2）作业空间狭小，引发短路事故 | 1）有效控制避雷器引线；<br>2）做好避雷器相间的绝缘遮蔽隔离措施；<br>3）断避雷器每相引线的顺序：先干线处，再避雷器接线柱；接与断时相反 | |
| 4.3 | 绝缘杆作业法断跌落式熔断器上引线 | 1）装置不符合作业条件 | 工作当日到达现场进行复勘时，工作负责人应与运维单位人员共同检查并确认跌落式熔断器已拉开，熔管已取下 | 3 |
| | | 2）作业空间狭小，引发接地短路 | 1）有效控制引线；<br>2）断三相引线的顺序应为“先两边相，再中间相”；<br>3）断每相引线的顺序应为：先干线处，再跌落式熔断器静触头处 | |
| | | 3）高空落物 | 剪断的引线应有效控制，防止高空落物 | |
| 4.4 | 绝缘杆作业法接跌落式熔断器上引线 | 1）装置不符合作业条件 | 工作当日到达现场进行复勘时，工作负责人应与运维单位人员共同检查并确认跌落式熔断器已拉开，熔管已取下 | 3 |
| | | 2）作业空间狭小，接地短路 | 1）有效控制引线；<br>2）接三相引线的顺序应为“先中间相，再两边相”；<br>3）先将三相引线安装到跌落式熔断器上接线柱处，再逐相将引线搭接到干线上 | |

续表

| 序号 | 控制节点（项目名称） | 风险因素 | 控制措施 | 条数 |
| --- | --- | --- | --- | --- |
| 4.4 | 绝缘杆作业法接跌落式熔断器上引线 | 3）高空落物 | 1）安装引线时，防止螺母垫片等掉落；<br>2）传送线夹时应牢固稳定 | 3 |
| 4.5 | 绝缘杆作业法断支接线路引线 | 1）重合闸过电压 | 1）应停用作业线路变电站内开关的自动重合闸装置；<br>2）馈线自动化配电网络，应停用作业点来电侧分段器的自动合闸功能 | 4 |
| | | 2）装置不符合作业条件，带负荷或空载电流大于0.1A断引线 | 1）工作当日到达现场进行复勘时，工作负责人应与运维单位人员共同检查并确认引线负荷侧开关确已断开，电压互感器、变压器等已退出；<br>2）杆上作业电工进入带电作业区域后，应用高压钳形电流表测量支接线路电流不大于0.1A | |
| | | 3）感应电触电 | 应将已断开相导线视作带电体，控制作业幅度保持足够距离 | |
| | | 4）作业空间狭小，接地短路 | 1）有效控制引线；<br>2）断三相引线的顺序应为“先两边相，再中间相”；<br>3）每相引线先断引线与干线的连接点，再断引线与跌落式熔断器上接线柱的连接点 | |
| 4.6 | 绝缘杆作业法接支接线路引线 | 1）重合闸过电压 | 1）应停用作业线路变电站内开关的自动重合闸装置；<br>2）馈线自动化配电网络，应停用作业点来电侧分段器的自动合闸功能 | 4 |
| | | 2）装置不符合作业条件，带负荷或空载电流大于0.1A接引线 | 1）工作票签发人应根据现场勘察数据估算空载电流不大于0.1A；<br>2）工作当日到达现场进行复勘时，工作负责人应与运维单位人员共同检查并确认引线负荷侧开关确已断开，电压互感器、变压器等已退出 | |
| | | 3）感应电触电 | 应将未接通相导线视作带电体，控制作业幅度保持足够距离 | |

续表

| 序号 | 控制节点（项目名称） | 风险因素 | 控制措施 | 条数 |
|---|---|---|---|---|
| 4.6 | 绝缘杆作业法接支接线路引线 | 4）作业中引线失去控制，引发接地短路或相间短路事故 | 1）有效控制引线；<br>2）接三相引线的顺序应为“先中间相，再两边相”；<br>3）先将三相引线安装到跌落式熔断器下接线柱处，再逐相将引线搭接到干线上 | 4 |
| 4.7 | 绝缘手套作业法加装或拆除接触设备套管、横担、故障指示器及附件 | 无 | 无 | 0 |
| 4.8 | 绝缘手套作业法更换避雷器 | 1）重合闸过电压 | 1）应停用作业线路变电站内开关的自动重合闸装置；<br>2）馈线自动化配电网络，应停用作业点来电侧分段器的自动合闸功能 | 4 |
| | | 2）装置不符合作业条件 | 工作当日到达现场进行复勘时，工作负责人应检查避雷器外观及接地引下线和接地体的情况：<br>1）避雷器损坏、有明显接地现象，禁止作业；<br>2）避雷器接地引下线缺失情况下，禁止作业；<br>3）接地体不良的情况下，应加强接地措施后才能进入绝缘斗臂车工作斗升空作业 | |
| | | 3）泄漏电流伤人 | 1）在进入带电作业区域后，对避雷器横担、电杆等部位进行验电；<br>2）在拆除避雷器引线前，应用钳形电流表测量避雷器泄漏电流不大于0.1A；<br>3）在拆除、搭接避雷器引线时，应使用绝缘操作杆 | |
| | | 4）作业空间狭小，人体串入电路，触电 | 1）有效控制引线；<br>2）宜依次将三相避雷器引线从干线（或设备引线）处解除后，一起更换，然后逐相搭接避雷器引线；<br>3）断避雷器引线宜按“先两边相，再中间相”或“从近到远”的顺序进行，恢复时相反 | |

续表

| 序号 | 控制节点（项目名称） | 风险因素 | 控制措施 | 条数 |
|---|---|---|---|---|
| 4.9 | 绝缘手套作业法断跌落式熔断器上引线 | 1）重合闸过电压 | 1）应停用作业线路变电站内开关的自动重合闸装置；<br>2）对于馈线自动化配电网络，应停用作业点来电侧分段器的自动合闸功能 | 4 |
| | | 2）装置不符合作业条件，带负荷或空载电流大于0.1A断引线 | 工作当日到达现场进行复勘时，工作负责人应与运维单位人员共同检查并确认跌落式熔断器已拉开，熔管已取下 | |
| | | 3）跌落式熔断器瓷柱绝缘性能不良，泄漏电流伤人 | 在进入带电作业区域后，应对跌落式熔断器安装横担、下引线进行验电，有电时：<br>1）应增强带电导线对横担之间的绝缘遮蔽隔离措施；<br>2）在拆引线前，用钳形电流表测量引线电流不应大于0.1A，并用绝缘操作杆断引线，使作业人员与断开点保持足够距离 | |
| | | 4）作业空间狭小，人体串入电路而触电 | 1）有效控制引线；<br>2）作业中，防止人体串入已断开的跌落式熔断器引线和干线之间；<br>3）断引线的正确顺序为“先两边相，再中间相”或“由近及远” | |
| 4.10 | 绝缘手套作业法接跌落式熔断器上引线 | 1）重合闸过电压 | 1）应停用作业线路变电站内开关的自动重合闸装置；<br>2）对于馈线自动化配电网络，应停用作业点来电侧分段器的自动合闸功能 | 4 |
| | | 2）装置不符合作业条件，带负荷或空载电流大于0.1A断引线 | 工作当日到达现场进行复勘时，工作负责人应与运维单位人员共同检查并确认跌落式熔断器已拉开，熔管已取下 | |

续表

| 序号 | 控制节点（项目名称） | 风险因素 | 控制措施 | 条数 |
| --- | --- | --- | --- | --- |
| 4.10 | 绝缘手套作业法接跌落式熔断器上引线 | 3）跌落式熔断器瓷柱绝缘性能不良，搭接引线时泄漏电流伤人 | 在接引线前，应用绝缘电阻检测仪检测跌落式熔断器相对地之间的绝缘电阻 | 4 |
| | | 4）作业空间狭小，人体串入电路而触电 | 1）有效控制引线；<br>2）作业中，防止人体串入已断开的跌落式熔断器引线和干线之间；<br>3）接引线的正确顺序为“先中间相，再两边相”或“由远到近” | |
| 4.11 | 绝缘手套作业法断支接线路引线 | 1）重合闸过电压 | 1）应停用作业线路变电站内开关的自动重合闸装置；<br>2）对于馈线自动化配电网络，应停用作业点来电侧分段器的自动合闸功能 | 5 |
| | | 2）装置不符合作业条件，带负荷断支接线路引线 | 工作当日到达现场进行复勘时，工作负责人应与运维单位人员共同检查并确认：<br>1）引线负荷侧开关应处于断开状态；<br>2）负荷侧电压互感器、变压器应已断开 | |
| | | 3）断引线的方式的选择应用与支接线路空载电流大小不适应，弧光伤人 | 1）在签发工作票前，应根据现场勘察记录估算支接线路空载电流以判断作业的安全性。编制现场标准化作业指导书时，应根据估算数据选取合适的作业方式：<br>• 空载电流大于5A禁止断引线；<br>• 空载电流大于0.1A小于5A，应用带电作业消弧开关。<br>2）在拆引线前，应用钳形电流表测量支接线路引线电流进行验证 | |

续表

| 序号 | 控制节点（项目名称） | 风险因素 | 控制措施 | 条数 |
|---|---|---|---|---|
| 4.11 | 绝缘手套作业法断支接线路引线 | 4）感应电触电 | 已断开相引线应视为有电 | 5 |
| | | 5）作业空间狭小，人体串入电路而触电 | 1）有效控制引线；<br>2）作业中，应防止人体串入已断开的引线和干线之间；<br>3）断引线的正确顺序为“先两边相，再中间相”或“由近及远” | |
| 4.12 | 绝缘手套作业法接支接线路引线 | 1）重合闸过电压 | 1）应停用作业线路变电站内开关的自动重合闸装置；<br>2）对于馈线自动化配电网络，应停用作业点来电侧分段器的自动合闸功能 | 5 |
| | | 2）装置不符合作业条件，带负荷、带接地接支接线路引线 | 1）工作当日到达现场进行复勘时，工作负责人应与运维单位共同检查并确认：<br>• 引线负荷侧开关应处于断开状态；<br>• 负荷侧电压互感器、变压器应已断开<br>2）在接引线前，应用绝缘电阻检测仪测量引线相间、引线与地电位构件之间的绝缘电阻来判断支接引线负荷侧有无接地、负荷接入等情况<br>3）作业中第一相搭接完成后，应用高压验电器对未接通的两相引线进行验电，并用钳形电流表测量已接通相引线电流，以进一步判断作业条件：<br>• 未接通的两相有电，禁止继续工作；<br>• 已接通相电流大于5A，禁止继续工作 | |
| | | 3）接引线方式的选择与支接线路空载电流大小不适应，弧光伤人 | 在签发工作票前，应根据现场勘察记录估算支接线路空载电流以判断作业的安全性。编制现场标准化作业指导书时，应根据估算数据选取合适的作业方式：<br>1）空载电流大于5A时，禁止接引线；<br>2）空载电流大于0.1A且小于5A，应用带电作业消弧开关 | |

续表

| 序号 | 控制节点（项目名称） | 风险因素 | 控制措施 | 条数 |
| --- | --- | --- | --- | --- |
| 4.12 | 绝缘手套作业法接支接线路引线 | 4）感应电触电 | 未接通相引线应视为有电 | 5 |
| | | 5）作业空间狭小，人体串入电路而触电 | 1）有效控制引线；<br>2）作业中，应防止人体串入未接通的引线和干线之间；<br>3）接引线的正确顺序为“先中间相，再两边相”或“由远到近” | |
| 4.13 | 绝缘手套作业法断耐张线路引线 | 同4.11 | 同4.11 | 5 |
| 4.14 | 绝缘手套作业法接耐张线路引线 | 同4.12 | 同4.12 | 5 |
| 4.15 | 绝缘手套作业法更换跌落式熔断器 | 1）重合闸过电压 | 1）应停用作业线路变电站内开关的自动重合闸装置；<br>2）对于馈线自动化配电网络，应停用作业点来电侧分段器的自动合闸功能 | 5 |
| | | 2）装置不符合作业条件 | 工作当日到达现场进行复勘时，工作负责人应与运维单位人员共同检查并确认跌落式熔断器已拉开，熔管已取下 | |
| | | 3）跌落式熔断器瓷柱绝缘性能不良，泄漏电流伤人 | 1）在现场工器具检查的同时，应用绝缘电阻检测仪检测跌落式熔断器相对地之间的绝缘电阻并用熔管进行试拉合，以判断跌落式熔断器的机电性能；<br>2）在进入带电作业区域后，应对跌落式熔断器安装横担、下引线进行验电，有电时应：<br>• 增强带电导线对横担之间的绝缘遮蔽隔离措施；<br>• 在拆引线前，用钳形电流表测量引线电流应不大于0.1A | |
| | | 4）作业空间狭小，人体串入电路，触电 | 1）有效控制引线；<br>2）作业中，防止人体串入已断开或未接通的跌落式熔断器引线和干线之间；<br>3）断引线的正确顺序为“先两边相，再中间相”或“由近及远”。接引线的顺序与此相反 | |

续表

| 序号 | 控制节点<br>（项目名称） | 风险因素 | 控制措施 | 条数 |
|---|---|---|---|---|
| 4.15 | 绝缘手套作业法更换跌落式熔断器 | 5）其它 | 上下传递设备、材料时，不应与电杆、绝缘斗臂车工作斗发生碰撞 | 5 |
| 4.16 | 绝缘手套作业法更换直线杆绝缘子 | 1）重合闸过电压 | 1）应停用作业线路变电站内开关的自动重合闸装置；<br>2）对于馈线自动化配电网络，应停用作业点来电侧分段器的自动合闸功能 | 5 |
| | | 2）装置不符合作业条件 | 1）在现场勘察时，应检查以下情况，如不满足下列条件，应禁止作业：<br>• 确认作业装置两侧电杆杆身良好、埋设深度等符合要求，导线在绝缘子上的固结情况良好，避免作业中导线转移时从两侧电杆上脱落；<br>• 导线应无烧损断股现象，扎线绑扎牢固，绝缘子表面无明显放电痕迹和机械损伤；<br>• 横担、抱箍无严重锈蚀、变形、断裂等现象<br>2）线路有接地短路现象，禁止作业。<br>3）斗内电工进入带电作业区域后，应目测检查和对绝缘子铁脚、铁横担等部位验电，进一步确认绝缘子的机电性能 | |
| | | 3）导线失去控制，引发接地短路事故 | 1）临时固定并承载导线垂直应力的绝缘横担（绝缘支杆）应安装牢固，机械强度应满足要求；<br>2）拆除和绑扎线时，应预先采取防止导线失去控制的措施，如用绝缘斗臂车绝缘小吊的吊钩勾住导线，使导线轻微受力；<br>3）转移导线时不应超出控制能力，如导线的垂直张力不应超过绝缘斗臂车小吊臂在相应起吊角度下的起重能力；<br>4）转移导线时，应有后备保护；<br>5）转移后的导线应作妥善固定 | |

续表

| 序号 | 控制节点<br>（项目名称） | 风险因素 | 控制措施 | 条数 |
|---|---|---|---|---|
| 4.16 | 绝缘手套作业法更换直线杆绝缘子 | 4）作业空间狭小，人体串入电路而触电 | 1）拆除和绑扎线时，绝缘子铁脚和铁横担遮蔽应严密，且扎线的展放长度不大于10cm；<br>2）转移后的导线与大地（地电位构件）之间、相间应有主绝缘保护：<br>•使用小吊法时，导线提升高度应不少于0.4m；<br>•使用铁横担法时，导线与铁横担之间应有不少于3层的绝缘遮蔽用具 | 5 |
| | | 5）其它 | 上下传递设备、材料时，不应与电杆、绝缘斗臂车工作斗发生碰撞 | |
| 4.17 | 绝缘手套作业法更换直线杆绝缘子及横担 | 同4.16 | 同4.16 | 5 |
| 4.18 | 绝缘手套作业法更换耐张绝缘子串 | 1）重合闸过电压 | 1）应停用作业线路变电站内开关的自动重合闸装置；<br>2）对于馈线自动化配电网络，应停用作业点来电侧分段器的自动合闸功能 | 5 |
| | | 2）装置不符合作业条件 | 1）现场勘察时，应检查：<br>•作业点及两侧电杆埋设深度符合规范、导线在绝缘子上固结情况良好；<br>•耐张横担或抱箍应无锈蚀机械强度受损的情况。<br>2）进入带电作业区域后，斗内电工应验证绝缘子的机电性能，如同时具备以下两种现象，应禁止作业：<br>•用高压验电器对铁横担验电，有电；<br>•用高压钳形电流表测量耐张线夹前侧与引线之间部位的电流，电流大于0.1A | |

续表

| 序号 | 控制节点（项目名称） | 风险因素 | 控制措施 | 条数 |
| --- | --- | --- | --- | --- |
| 4.18 | 绝缘手套作业法更换耐张绝缘子串 | 3）导线失去控制，引发导线伤人、接地短路事故 | 1）紧线时，应密切注意绝缘紧线器等绝缘承力工具的受力情况，导线张力不应超出绝缘承力工具额定能力；<br>2）紧线后，在更换耐张绝缘子串前，应在紧线用的卡线器外侧安装防止导线逃脱的后备保护，并使其轻微受力 | 5 |
| | | 4）作业空间狭小，人体串入电路而触电 | 1）收紧导线后，紧线装置绝缘有效长度不小于0.4m。<br>2）后备保护绝缘有效长度不小于0.4m。<br>3）横担、电杆、导线等应遮蔽严密，防止更换绝缘子串时，斗内电工串入相对地的电路中：<br>•摘下绝缘子串，应先导线侧，及时恢复导线的绝缘遮蔽措施后，再横担侧；<br>•安装绝缘子串，应先横担侧，及时恢复横担的绝缘遮蔽措施后，再导线侧。<br>4）设置耐张绝缘子串的绝缘遮蔽措施以及更换耐张绝缘子时，应防止短接绝缘子串，必要时可脱下保护绝缘手套的羊皮手套 | |
| | | 5）其它 | 上下传递设备、材料，不应与电杆、绝缘斗臂车工作斗发生碰撞 | |
| 4.19 | 绝缘手套作业法更换柱上开关或隔离开关 | 1）重合闸过电压 | 1）应停用作业线路变电站内开关的自动重合闸装置；<br>2）对于馈线自动化配电网络，应停用作业点来电侧分段器的自动合闸功能 | 6 |

续表

| 序号 | 控制节点（项目名称） | 风险因素 | 控制措施 | 条数 |
| --- | --- | --- | --- | --- |
| 4.19 | 绝缘手套作业法更换柱上开关或隔离开关 | 2）装置不符合作业条件 | 1）工作当日到达现场进行复勘时，工作负责人应与运维单位人员共同检查并确认：<br>• 柱上开关设备已拉开；<br>• 如柱上断路器、柱上负荷开关电源侧有电压互感器，已通过操作隔离开关退出。<br>2）进入带电作业区域后，斗内电工应判断柱上断路器或隔离开关机电性能，同时符合以下 2 种情况时应禁止作业：<br>• 用高压验电器对断路器或隔离开关金属外壳、安装支架验电，有电；<br>• 用钳形电流表测量引线电流，大于 5A | 6 |
| | | 3）旧开关设备绝缘性能和机械性能不良，泄漏电流或短路电流产生的电弧伤人 | 1）对开关金属外壳、安装支架验电，发现有电或引线电流大于 0.1A（小于 5A）时，应增强绝缘遮蔽隔离措施和采取消弧措施；<br>2）在开关设备机械性能不良的情况下，如绝缘柱断裂，应对引线采取合适的控制方式和断线方式；<br>3）有效控制开关设备的引线 | |
| | | 4）新开关设备的绝缘性能和操作性能不良，带负荷接引线，泄漏电流或短路电流电弧伤人 | 1）在现场工器具检查的同时，应用绝缘电阻检测仪检测开关相间及相对地之间的绝缘电阻，应不小于 300MΩ，并进行试分、合操作；<br>2）在搭接新换开关设备两侧的引线前，应确认开关设备处于分闸位置；<br>3）有效控制开关设备的引线 | |

续表

| 序号 | 控制节点（项目名称） | 风险因素 | 控制措施 | 条数 |
|---|---|---|---|---|
| 4.19 | 绝缘手套作业法更换柱上开关或隔离开关 | 5）作业空间狭小，人体串入电路而触电 | 1）应按照以下顺序断、接开关设备引线：<br>• 断开关设备引线时，宜先断电源侧引线，各侧三相引线应按“先两边相，再中间相”或“由近及远”的顺序进行；<br>• 接开关设备引线时，宜先接负荷侧，三相引线应按“先中间相，再两边相”或“由远到近”的顺序进行；<br>• 引线带电断、接的位置均应在干线搭接位置处进行。<br>2）作业中，应防止人体串入已断开或未接通的引线和干线之间，或串入隔离开关动、静触头之间 | 6 |
| | | 6）重物打击，高空落物 | 1）在安装绝缘斗臂车小吊臂时，应检查：<br>• 吊绳的机械强度（如断股、伸长率、变形等）；<br>• 小吊滑轮和吊钩部件的完整性、操作的灵活性和机械强度。<br>2）起吊时，载荷不应超出绝缘斗臂车小吊相应起吊角度下的起重能力。<br>3）起吊时，应控制设备晃动幅度，不应超出小吊的控制能力：<br>• 绝缘斗臂车小吊升降和绝缘臂的起伏、升降、回转等操作不应同时进行；<br>• 必要时还应在开关设备底座上增加绝缘控制绳，由地面电工进行控制。<br>4）起吊时，应正确选择并安装绝缘千斤绳套、卸扣。<br>5）上下传递设备、材料时，不应与电杆、绝缘斗臂车工作斗发生碰撞。<br>6）地面工作人员、杆上配合人员不得处于绝缘斗臂车绝缘臂、绝缘斗或开关设备的下方 | |

续表

| 序号 | 控制节点（项目名称） | 风险因素 | 控制措施 | 条数 |
| --- | --- | --- | --- | --- |
| 4.20 | 绝缘杆作业法更换直线绝缘子 | 1）装置不符合作业条件 | 1）在现场勘察时，应进行以下检查，如不满足以下条件，应禁止作业：<br>•作业点及两侧电杆埋设深度符合要求，导线在绝缘子上固结情况良好，避免作业中导线转移时从两侧电杆上脱落；<br>•导线应无烧损断股等影响机械强度的现象，扎线绑扎牢固，绝缘子表面无明显放电痕迹和机械损伤；<br>•横担、抱箍无严重锈蚀、变形、断裂等现象。<br>2）线路有接地短路现象时，应禁止作业 | 5 |
| | | 2）个人防护用具使用不当，接触电压触电 | 1）杆上电工进入带电作业区域后，应目测检查，同时对绝缘子铁脚、铁横担等部位并进行验电，进一步确认绝缘子的机电性能，如有电应禁止作业；<br>2）杆上作业电工应穿戴全套个人绝缘防护用具 | |
| | | 3）导线失去控制，引发接地短路事故。 | 1）在地面检查工器具时，应检查绝缘羊角抱杆的绝缘性能、机械强度和操作性能；<br>2）绝缘羊角抱杆安装应牢固可靠；<br>3）在拆除和绑扎线前，应预先采取防止失去控制的措施，将导线放入绝缘羊角抱杆的线槽或吊钩中，并操作绝缘羊角抱杆机构，使导线轻微受力 | |
| | | 4）作业空间狭小，人体串入电路，触电 | 1）拆除和绑扎线时，绝缘子铁脚和铁横担应遮蔽严密，且扎线的展放长度不大于10cm；<br>2）拆除扎线后，导线提升高度应不小于0.4m，且导线绝缘遮蔽应严密牢固，在导线下方应看不到明显的间隙，绝缘遮蔽用具组合的重叠长度不应少于15cm | |
| | | 5）其它 | 上下传递设备、材料时，不应与电杆、绝缘斗臂车的工作斗发生碰撞 | |

续表

| 序号 | 控制节点（项目名称） | 风险因素 | 控制措施 | 条数 |
|---|---|---|---|---|
| 4.21 | 绝缘杆作业法更换直线绝缘子及横担 | 同4.20 | 同4.20 | 5 |
| 4.22 | 绝缘手套作业法带负荷更换跌落式熔断器 | 1）重合闸过电压 | 1）应停用作业线路变电站内开关的自动重合闸装置；<br>2）馈线自动化配电网络，应停用作业点来电侧分段器的自动合闸功能 | 7 |
| | | 2）装置不符合作业条件 | 进入带电作业区域后，应用高压验电器对跌落式熔断器横担进行验电，如有电应禁止作业 | |
| | | 3）短接跌落式熔断器的旁路设备过载 | 1）短接跌落式熔断器旁路回路的额定电流应大于等于1.2倍线路的最大负荷电流；<br>2）应清除架空导线与绝缘分流线或旁路高压引线电缆的引流线夹连接处的脏污和氧化物；<br>3）绝缘分流线或旁路高压引线电缆的引流线夹宜朝上安装在架空导线上，并应有防坠措施 | |
| | | 4）短接跌落式熔断器的方式选择不当，导致相间短路或带负荷短接跌落式熔断器 | 1）用绝缘分流线短接跌落式熔断器：<br>•应使用两辆绝缘斗臂车，采取同相同步的方式进行；<br>•短接跌落式熔断器前，应采取防止跌落式熔断器意外断开的措施。<br>2）用2组带有引流线夹终端和快速插拔终端的旁路柔性电缆作为高压引下电缆和1台旁路负荷开关组件的旁路回路短接跌落式熔断器：<br>•组装旁路回路时，旁路负荷开关应处于分闸位置；<br>•旁路回路组装完毕，应在旁路负荷开关处进行核相正确后再合旁路负荷开关。<br>3）绝缘分流线组装完毕或旁路回路投入运行后，应用高压钳形电流表检测分流状况良好（约1/2负荷电流）后，才能更换跌落式熔断器 | |

续表

| 序号 | 控制节点（项目名称） | 风险因素 | 控制措施 | 条数 |
|---|---|---|---|---|
| 4.22 | 绝缘手套作业法带负荷更换跌落式熔断器 | 5）新跌落式熔断器的绝缘性能和操作性能不良，泄漏电流或短路电流电弧伤人 | 1）在现场工器具检查的同时，应用绝缘电阻检测仪检测跌落式熔断器瓷柱绝缘电阻，相对地不应小于150MΩ，断口间不应小于300MΩ，并用熔管进行试分、合操作；<br>2）在搭接新换跌落式熔断器两侧引线前，应确认开关设备处于分闸位置；<br>3）有效控制跌落式熔断器的引线 | 7 |
| | | 6）作业空间狭小，导致触电 | 1）有效控制跌落式熔断器引线，在安装支架、引线、绝缘子机械性能不稳定的情况下，应有妥善的固定措施；<br>2）操作跌落式熔断器应正确使用绝缘操作棒；<br>3）应避免斗内电工同时触及不同电位的导体 | |
| | | 7）其它 | 上下传递设备、材料时，不应与电杆、绝缘斗臂车工作斗发生碰撞 | |
| 4.23 | 绝缘手套作业法更换耐张绝缘子串及横担 | 1）～5）同4.18 | 同4.18 | 6 |
| | | 6）电杆受力不均倒杆、横担扭转 | 1）在电杆合适位置打好临时拉线；<br>2）紧线、松线时电杆两侧同相应同时进行 | |
| 4.24 | 绝缘手套作业法断电缆终端引线 | 1）重合闸过电压 | 1）应停用作业线路变电站内断路器的自动重合闸装置；<br>2）对于馈线自动化配电网络，应停用作业点来电侧分段器的自动合闸功能 | 8 |
| | | 2）装置不符合作业条件 | 1）在签发工作票前，应根据现场勘察记录估算电缆线路空载电流以判断作业的安全性，编制现场标准化作业指导书时，应根据估算数据选取合适的作业方式：<br>•空载电流大于0.1A，应使用消弧开关；<br>•空载电流超过5A，禁止作业。<br>2）工作当日现场复勘时，工作负责人应与运维人员到电缆负荷侧的开关站、环网柜检查并确认相应配电间隔的负荷开关或断路器已处于热备用（冷备用）位置；<br>3）进入带电作业区域后，斗内电工应使用高压钳形电流表测量电缆空载电流，进一步确认装置的作业条件 | |

续表

| 序号 | 控制节点（项目名称） | 风险因素 | 控制措施 | 条数 |
| --- | --- | --- | --- | --- |
| 4.24 | 绝缘手套作业法断电缆终端引线 | 3）带电作业用消弧开关断口间绝缘性能不良，开断后不能起到真正切断电路的作用。组装或拆卸消弧开关和绝缘分流线组成的旁路回路时，空载电流大于0.1A，产生的电弧伤人 | 1）现场检测工器具时，应用2500V绝缘电阻检测仪测量消弧开关断口间绝缘电阻，应不小于300MΩ；<br>2）拆除消弧开关与绝缘分流线组成的旁路回路前，应用绝缘操作杆（绳）操作消弧开关使其分闸，并用高压钳形电流表检测绝缘分流线上的电流，确认电路已断开 | 8 |
| | | 4）消弧开关组装、使用、拆除方式错误，空载电流产生的电弧灼伤斗内电工，或产生的过电压电击斗内电工 | 1）正确组装消弧开关与绝缘分流线组成的旁路回路：<br>• 确认消弧开关应处于分闸位置并闭锁；<br>• 先在干线挂接消弧开关；<br>• 再将绝缘分流线一端引流线夹挂接至消弧开关动触头处的导电杆上；<br>• 最后将另一端引流线夹安装到电缆终端与过渡引线的连接位置。<br>2）拆除消弧开关与绝缘分流线组成的旁路回路时，应先确认消弧开关处于分闸位置并闭锁。<br>3）消弧开关的操作应正确使用绝缘操作杆或操作绳 | |
| | | 5）已断开相电缆电容电荷对人体放电导致触电 | 地面电工不应直接接触电缆终端引线（拆除电缆终端引线后，电缆负荷侧开关站、环网柜相应配电间隔开关应从热备用/冷备用改检修后，通过线路侧接地刀闸可进行放电。带电作业人员不应介入停电检修电缆的作业） | |
| | | 6）已断开相电缆终端引线对地电位构件放电弧光伤人，感应电触电 | 已断开相电缆终端引线应视作带电体：<br>1）电缆终端引线应设置绝缘遮蔽隔离措施；<br>2）电缆终端引线应妥善固定 | |
| | | 7）作业空间狭小，造成触电 | 断三相电缆终端引线时应按“先两边相，最后中间相”或“由近及远”的顺序进行 | |
| | | 8）其它 | 上下传递设备、材料时，不应与电杆、绝缘斗臂车工作斗发生碰撞 | |

续表

<table>
<tr><th>序号</th><th>控制节点<br>（项目名称）</th><th>风险因素</th><th>控制措施</th><th>条数</th></tr>
<tr><td rowspan="3">4.25</td><td rowspan="3">绝缘手套作业法接电缆终端引线</td><td>1）重合闸过电压；</td><td>1）应停用作业线路变电站内开关的自动重合闸装置；<br>2）对于馈线自动化配电网络，应停用作业点来电侧分段器的自动合闸功能</td><td rowspan="3">7</td></tr>
<tr><td>2）装置不符合作业条件</td><td>1）在签发工作票前，应根据现场勘察记录估算电缆线路空载电流以判断作业的安全性。编制现场标准化作业指导书时，应根据估算数据选取合适的作业方式：<br>• 空载电流大于 0.1A 时，应使用消弧开关；<br>• 空载电流超过 5A 时，禁止作业。<br>2）工作当日现场复勘时，工作负责人应与运维单位人员到电缆负荷侧的开关站、环网柜检查并确认相应配电间隔的开关已处于热备用（冷备用）位置。<br>3）进入带电作业区域后，斗内电工应作以下检查，不满足任何一项时均应禁止作业：<br>• 用高压验电器对电缆终端引线验电，确认无倒送电现象；<br>• 用 2500V 绝缘电阻检测仪检测电缆终端引线相间、相对地之间的绝缘电阻，确认无接地或负荷接入。<br>4）搭接一相电缆终端引线后，斗内电工应作以下检查，不满足任何一项均应停止作业：<br>• 用高压验电器对未接通两相的电缆终端引线进行验电，不应有电；<br>• 用高压钳形电流表测量已接通相电缆终端引线电流，不应大于等于 5A</td></tr>
<tr><td>3）带电作业用消弧开关断口间绝缘性能不良，开断后不能起到真正切断电路的作用。组装或拆卸消弧开关和绝缘分流线组成的旁路回路时，空载电流大于 0.1A，产生的电弧伤人</td><td>1）现场检测工器具时，应用 2500V 绝缘电阻检测仪测量消弧开关断口间绝缘电阻不小于 300MΩ；<br>2）拆除消弧开关与绝缘分流线组成的旁路回路前，应用绝缘操作杆（绳）操作消弧开关使其分闸，并用高压钳形电流表检测绝缘分流线上的电流，确认电路确已断开</td></tr>
</table>

续表

| 序号 | 控制节点（项目名称） | 风险因素 | 控制措施 | 条数 |
|---|---|---|---|---|
| 4.25 | 绝缘手套作业法接电缆终端引线 | 4）消弧开关组装、使用、拆除方式错误，空载电流产生的电弧灼伤斗内电工，或产生的过电压电击斗内电工 | 1）正确组装消弧开关与绝缘分流线组成的旁路回路：<br>•确认消弧开关应处于分闸位置并闭锁；<br>•先在干线挂接消弧开关；<br>•再将绝缘分流线一端引流线夹挂接至消弧开关动触头处的导电杆上；<br>•最后将另一端引流线夹安装到电缆终端与过渡引线的连接位置<br>2）正确拆除消弧开关与绝缘分流线组成的旁路回路：<br>•确认消弧开关处于分闸位置并闭锁；<br>•先从电缆终端、过渡引线连接处，将绝缘分流线的引流线夹拆除；<br>•再从消弧开关动触头导电杆处，将绝缘分流线另一端引流线夹拆除；<br>•最后将消弧开关从干线上摘除。<br>3）操作消弧开关时应正确使用绝缘操作杆或操作绳 | 7 |
| | | 5）未接通相电缆终端引线对地电位构件放电弧光伤人，感应电触电 | 未接通相电缆终端引线应视作带电体：<br>1）电缆终端引线应设置绝缘遮蔽隔离措施；<br>2）电缆终端引线应妥善固定 | |
| | | 6）作业空间狭小，触电 | 接三相电缆终端引线时，应按“先中间相，最后两边相”或“由远到近”顺序进行 | |
| | | 7）其它 | 上下传递设备、材料时，不应与电杆、绝缘斗臂车工作斗发生碰撞 | |

续表

| 序号 | 控制节点（项目名称） | 风险因素 | 控制措施 | 条数 |
| --- | --- | --- | --- | --- |
| 4.26 | 绝缘手套作业法组立或撤除直线电杆 | 1）重合闸过电压 | 1）应停用作业线路变电站内开关的自动重合闸装置；<br>2）馈线自动化配电网络，应停用作业点来电侧分段器的自动合闸功能 | 8 |
| | | 2）装置不符合作业条件 | 1）现场勘查和工作当日现场复勘时，工作负责人应检查并确认作业点及两侧电杆、导线及其他带电设备安装牢固，避免工作中发生倒杆、断线事故；<br>2）工作现场除可以停放绝缘斗臂车外，还应适合停放吊车 | |
| | | 3）吊车起重工作中倾覆 | 作业时，吊车应置于平坦、坚实的地面上，不得在暗沟、地下管线等上面作业；无法避免时，应采取防护措施 | |
| | | 4）静电感应电压触电 | 吊车应安装接地线并可靠接地，接地线应用多股软铜线，其截面积不得小于16mm² | |
| | | 5）接触电压触电 | 1）起吊电杆作业时，电杆宜从导线下方倒伏或起立进入杆坑，起重机臂架应处于带电导线下方，并与带电导线的距离不小于0.4m；<br>2）电杆杆稍应遮蔽严密且牢固，软质绝缘遮蔽用具外部应有防机械磨损的措施；<br>3）电杆杆根应用接地线接地，其截面积不得小于16mm²；<br>4）杆根作业人员应穿绝缘靴，戴绝缘手套；起重设备操作人员应穿绝缘靴 | |

续表

| 序号 | 控制节点（项目名称） | 风险因素 | 控制措施 | 条数 |
|---|---|---|---|---|
| 4.26 | 绝缘手套作业法组立或撤除直线电杆 | 6）作业空间狭小，导线受压单相接地 | 1）中间相导线应用绝缘绳或其它绝缘工器具向旁边拉开，留出足够的作业空间；<br>2）杆坑正上方的导线应设置有足够范围的绝缘遮蔽隔离措施；<br>3）在撤、立杆时，电杆顶端不宜有横担等金具附件；<br>4）电杆吊点选择应合适，避免电杆在起吊时大幅晃动，必要时应使用足够强度的绝缘绳索作拉绳，控制电杆的起立方向 | 8 |
| | | 7）重物打击 | 在起吊、牵引过程中，受力钢丝绳的周围、上下方、吊臂和起吊物的下面，禁止有人逗留和通过 | |
| | | 8）其它 | 上下传递设备、材料时，不应与电杆、绝缘斗臂车工作斗发生碰撞 | |
| 4.27 | 绝缘手套作业法更换直线电杆 | 同4.26 | 同4.26 | 8 |
| 4.28 | 绝缘手套作业法带负荷更换柱上开关或隔离开关 | 1）重合闸过电压 | 1）应停用作业线路变电站内开关的自动重合闸装置；<br>2）对于馈线自动化配电网络，应停用作业点来电侧分段器的自动合闸功能 | 10 |
| | | 2）装置不符合作业条件 | 1）当日工作现场复勘时，如待更换的断路器（或具有配网自动化功能的分段开关、用户分界开关）电源侧有电压互感器，应与运维人员一起确认已退出。注意：如果无法通过隔离开关的操作退出电压互感器，应禁止作业。<br>2）最大负荷电流不大于200A。<br>3）斗内电工进入带电作业区域后，对开关金属外壳、安装支架验电发现有电，并且变电站有明显的接地信号，禁止作业 | |

续表

| 序号 | 控制节点（项目名称） | 风险因素 | 控制措施 | 条数 |
|---|---|---|---|---|
| 4.28 | 绝缘手套作业法带负荷更换柱上开关或隔离开关 | 3）旧开关设备绝缘性能和机械性能不良，泄漏电流或短路电流产生的电弧伤人 | 1）拆旧开关设备引线前，宜用绝缘操作杆操作使开关处于分闸位置，并用高压钳形电流表测量引线泄漏电流：<br>• 电流大于 0.1A（小于 5A），应增强绝缘遮蔽隔离措施和采取消弧措施；<br>• 电流大于 5A，禁止作业。<br>2）拆旧开关设备引线前，无法操作使其处于分闸位置，对开关设备的金属外壳和安装支架验电发现有电，但变电站无接地信号的情况下，应增强绝缘遮蔽隔离措施和采取消弧措施。<br>3）开关设备机械性能不良的情况下，如绝缘柱断裂，应对引线采取合适的控制方式和断线方式。<br>4）有效控制开关设备的引线 | 10 |
| | | 4）旁路回路过载 | 短接柱上开关设备旁路回路的载流能力应满足最大负荷电流的要求（$I_N \geqslant 1.2I_{fmax}$） | |
| | | 5）短接柱上开关设备的方式选择不当，导致相间短路 | 1）用绝缘分流线短接开关设备：<br>• 应使用两辆绝缘斗臂车，采取同相同步的方式进行；<br>• 短接断路器前，应闭锁断路器跳闸回路；短接隔离开关应采取防止意外断开的措施。<br>2）用 2 组带有引流线夹终端和快速插拔终端的旁路柔性电缆作为高压引下电缆和 1 台旁路负荷开关组件的旁路回路短接开关设备：<br>• 组装旁路回路时，旁路负荷开关应处于分闸位置；<br>• 旁路回路组装完毕，应在旁路负荷开关处进行核相后再合开关。<br>3）绝缘分流线组装完毕或旁路回路投入运行后，应用高压钳形电流表检测分流状况良好（约 1/2 负荷电流）后，才能更换柱上开关设备 | |

续表

| 序号 | 控制节点（项目名称） | 风险因素 | 控制措施 | 条数 |
|---|---|---|---|---|
| 4.28 | 绝缘手套作业法带负荷更换柱上开关或隔离开关 | 6）新开关设备的绝缘性能和操作性能不良，泄漏电流或短路电流产生的电弧伤人 | 1）在现场工器具检查的同时，检查开关设备的出厂合格证，应用绝缘电阻检测仪检测开关相间及相对地之间的绝缘电阻不小于300MΩ，并进行试分、合操作；<br>2）在搭接新换开关设备两侧的引线时，开关设备应处于分闸位置 | 10 |
| | | 7）开关设备引线相序错误，合闸时相间短路 | 新换柱上开关或隔离开关在合闸前，应对引线相序进行检查，必要时应用核相仪进行核相 | |
| | | 8）带负荷拆绝缘分流线或旁路回路 | 1）拆绝缘分流线或旁路回路前，应用绝缘操作棒操作柱上断路器的操动机构，使其合闸，并闭锁跳闸回路和操动机构；<br>2）拆除由旁路负荷开关、旁路高压引下电缆等设备组成的旁路回路前，应先用绝缘操作棒操作旁路负荷开关使其处于分闸位置 | |
| | | 9）作业空间狭小，人体串入电路而触电 | 1）应按照以下顺序断、接开关设备引线：<br>• 断开关设备引线时，宜先断电源侧引线；各侧三相引线应按“先两边相，再中间相”或“由近及远”的顺序进行。<br>• 接开关设备引线时，宜先接负荷侧；三相引线应按“先中间相，再两边相”或“由远到近”的顺序进行。<br>• 引线带电断、接的位置均应在干线搭接位置处进行。<br>2）作业中，应防止人体串入已断开或未接通的引线和干线之间，或串入隔离开关动、静触头之间。<br>3）有效控制开关设备的引线 | |

续表

| 序号 | 控制节点（项目名称） | 风险因素 | 控制措施 | 条数 |
| --- | --- | --- | --- | --- |
| 4.28 | 绝缘手套作业法带负荷更换柱上开关或隔离开关 | 10）重物打击，高空落物 | 1）在安装绝缘斗臂车小吊臂时，应检查：<br>•吊绳的机械强度（如断股、伸长率、变形等）；<br>•小吊滑轮和吊钩部件的完整性、操作的灵活性和机械强度。<br>2）起吊时，载荷不应超出绝缘斗臂车小吊相应起吊角度下的起重能力。<br>3）起吊时，应控制设备晃动幅度，不应超出小吊的控制能力：<br>•绝缘斗臂车小吊升降和绝缘臂的起伏、升降、回转等操作不应同时进行；<br>•必要时还应在开关设备底座上增加绝缘控制绳，由地面电工进行控制。<br>4）起吊时，应正确选择并安装绝缘千斤绳套、卸扣。<br>5）上下传递设备、材料，不应与电杆、绝缘斗臂车工作斗发生碰撞。<br>6）地面工作人员、杆上配合人员不得处于绝缘斗臂车绝缘臂、绝缘斗或开关的设备下方 | 10 |
| 4.29 | 绝缘手套作业法直线杆改终端杆 | 1）重合闸过电压 | 1）应停用作业线路变电站内开关的自动重合闸装置；<br>2）对于馈线自动化配电网络，应停用作业点来电侧分段器的自动合闸功能 | 10 |
|  |  | 2）装置不符合作业条件 | 现场勘查和工作当日现场复勘时，工作负责人应检查并确认作业点及两侧电杆、导线及其他带电设备安装牢固，避免工作中发生倒杆、断线事故 |  |
|  |  | 3）紧线或断线时发生倒杆，重物打击 | 1）应有防止电杆受力不均衡的措施：<br>•作业点处，应在电杆上预先打好永久（或临时）耐张拉线；<br>•应在作业点后侧第一基电杆处先打好耐张拉线。<br>2）断线时，不应采用只在电源侧紧线，而在负荷侧突然断线的方式 |  |

续表

| 序号 | 控制节点（项目名称） | 风险因素 | 控制措施 | 条数 |
| --- | --- | --- | --- | --- |
| 4.29 | 绝缘手套作业法直线杆改终端杆 | 4）直线横担改耐张横担，拆导线绑扎线和直线杆绝缘子时造成短路 | 1）人体不应串入电路；<br>2）拆除扎线时，绝缘子铁脚和铁横担应遮蔽严密，且扎线的展放长度不大于10cm；<br>3）拆除扎线后，导线提升高度应不小于0.4m，且导线绝缘遮蔽应严密牢固。在导线下方应看不到明显的间隙，绝缘遮蔽用具组合的重叠长度不应少于15cm | 10 |
| | | 5）直线横担改耐张横担，转移导线时逃线 | 1）临时固定并承载导线垂直应力的绝缘横担（绝缘支杆）安装牢固，机械强度应满足要求；<br>2）拆除和绑扎线时，应预先采取防止导线失去控制的措施，如用绝缘斗臂车绝缘小吊的吊钩勾住导线，使导线轻微受力；<br>3）转移导线时不应超出控制能力，如导线的垂直张力不应超过绝缘斗臂车小吊臂在相应起吊角度下的起重能力；<br>4）转移导线时，应有后备保护；<br>5）转移后的导线应作妥善固定 | |
| | | 6）紧线及断线时逃线 | 1）紧线工具应有足够的机械强度；<br>2）紧线时，应密切注意绝缘紧线器等绝缘承力工具的受力情况，导线张力不应超出绝缘承力工具额定能力；<br>3）紧线后，开断导线前，应在紧线用的卡线器外侧安装防止导线逃脱的后备保护，并使其轻微受力 | |
| | | 7）紧线时，相对地泄漏电流或接地电流伤人 | 1）收紧导线后，紧线装置绝缘有效长度不小于0.4m；<br>2）后备保护绝缘有效长度不小于0.4m | |

续表

| 序号 | 控制节点（项目名称） | 风险因素 | 控制措施 | 条数 |
| --- | --- | --- | --- | --- |
| 4.29 | 绝缘手套作业法直线杆改终端杆 | 8）导线固结至耐张线夹时，人体串入电路或发生接地短路，造成触电 | 1）横担、电杆、导线等应遮蔽严密，防止斗内电工在将导线固结到耐张绝缘子串时串入相对地的电路中；<br>2）在将导线固结到耐张绝缘子串时，应防止短接绝缘子串，必要时可脱下保护绝缘手套的羊皮手套 | 10 |
| | | 9）防止感应电触电 | 已断开相导线应视作有电导体，地面电工需将其接地后才能接触 | |
| | | 10）其它 | 上下传递设备、材料时，不应与电杆、绝缘斗臂车工作斗发生碰撞 | |
| 4.30 | 绝缘手套作业法直线杆改耐张杆 | 1）重合闸过电压 | 1）应停用作业线路变电站内开关的自动重合闸装置；<br>2）对于馈线自动化配电网络，应停用作业点来电侧分段器的自动合闸功能 | 12 |
| | | 2）装置不符合作业条件 | 1）现场勘查和工作当日现场复勘时，工作负责人应检查并确认作业点及两侧电杆、导线及其他带电设备安装牢固，避免工作中发生倒杆、断线事故；<br>2）现场勘查时通过配网调度系统检测线路最大负荷电流不大于200A。工作当日，斗内电工进入带电作业区域后，应用高压钳形电流表测量线路电流不大于200A | |
| | | 3）紧线或断线时发生倒杆，造成重物打击 | 作业点处，应在电杆上预先打好永久（或临时）耐张拉线 | |

续表

| 序号 | 控制节点（项目名称） | 风险因素 | 控制措施 | 条数 |
|---|---|---|---|---|
| 4.30 | 绝缘手套作业法直线杆改耐张杆 | 4）直线横担改耐张横担，拆导线绑扎线和直线杆绝缘子时，造成短路 | 1）人体不应串入电路；<br>2）拆除扎线时，绝缘子铁脚和铁横担应遮蔽严密，且扎线的展放长度不大于10cm；<br>3）拆除扎线后，导线提升高度应不小于0.4m，且导线绝缘遮蔽应严密牢固；在导线下方应看不到明显的间隙，绝缘遮蔽用具组合的重叠长度不应少于15cm | 12 |
| | | 5）直线横担改耐张横担，转移导线时逃线 | 1）临时固定并承载导线垂直应力的绝缘横担（绝缘支杆）安装牢固，机械强度应满足要求；<br>2）拆除和绑扎线时，应预先采取防止导线失去控制的措施，如用绝缘斗臂车绝缘小吊的吊钩勾住导线，使导线轻微受力；<br>3）转移导线时不应超出控制能力，如导线的垂直张力不应超过绝缘斗臂车小吊臂在相应起吊角度下的起重能力；<br>4）转移导线时，应有后备保护；<br>5）转移后的导线应作妥善固定 | |
| | | 6）带负荷断导线，旁路设备过载 | 1）断线前，应安装绝缘分流线转移负荷电流；<br>2）绝缘分流线的额定载流能力应大于等于1.2倍线路的最大负荷电流；<br>3）应清除架空导线与绝缘分流线或旁路高压引线电缆的引流线夹连接处的脏污和氧化物；<br>4）绝缘分流线的引流线夹宜朝上安装在架空导线上，并有防坠措施；<br>5）组装绝缘分流线后，应用高压钳形电流表确认分流正常（约为1/2线路负荷电流） | |

续表

| 序号 | 控制节点（项目名称） | 风险因素 | 控制措施 | 条数 |
|---|---|---|---|---|
| 4.30 | 绝缘手套作业法直线杆改耐张杆 | 7）短接开断点的方式不当，造成短路 | 用绝缘分流线短接开断点时，应使用两辆绝缘斗臂车，采取同相同步的方式进行 | 12 |
| | | 8）紧线及断线时逃线 | 1）紧线工具应有足够的机械强度；<br>2）紧线时，应密切注意绝缘紧线器等绝缘承力工具的受力情况，导线张力不应超出绝缘承力工具的额定能力；<br>3）紧线后，在开断导线前，应在紧线用的卡线器外侧安装防止导线逃脱的后备保护，并使其轻微受力 | |
| | | 9）紧线时，相对地泄漏电流或接地电流伤人 | 1）收紧导线后，紧线装置绝缘有效长度不小于0.4m；<br>2）后备保护绝缘有效长度不小于0.4m | |
| | | 10）导线固结至耐张线夹时，人体串入电路或发生接地短路，造成触电 | 1）横担、电杆、导线等应遮蔽严密，防止斗内电工在将导线固结到耐张绝缘子串时串入相对地的电路中；<br>2）在将导线固结到耐张绝缘子串时，应防止短接绝缘子串，必要时可脱下保护绝缘手套的羊皮手套 | |
| | | 11）安装过引线时，因作业空间狭小而发生短路 | 1）安装过引线时，应对其进行有效控制，宜在带电导体遮蔽严密的情况下先将过引线固定在过渡用的瓷横担后，再搭接；<br>2）将过引线搭接至主干线后，应及时恢复绝缘遮蔽隔离措施 | |
| | | 12）其它 | 上下传递设备、材料，不应与电杆、绝缘斗臂车工作斗发生碰撞 | |

续表

| 序号 | 控制节点（项目名称） | 风险因素 | 控制措施 | 条数 |
|---|---|---|---|---|
| 4.31 | 绝缘手套作业法将直线杆改耐张杆，并加装柱上开关或隔离开关 | 1）重合闸过电压 | 1）应停用作业线路变电站内开关的自动重合闸装置；<br>2）对于馈线自动化配电网络，应停用作业点来电侧分段器的自动合闸功能 | 16 |
| | | 2）装置不符合作业条件 | 1）现场勘查和工作当日现场复勘时，工作负责人应检查并确认作业点及两侧电杆、导线及其他带电设备安装牢固，避免工作中发生倒杆、断线事故；<br>2）现场勘查时通过配网调度系统检测线路最大负荷电流不大于200A。工作当日，斗内电工进入带电作业区域后，应用高压钳形电流表测量线路电流不大于200A | |
| | | 3）紧线或断线时发生倒杆，造成重物打击 | 作业点处，应在电杆上预先打好永久（或临时）耐张拉线 | |
| | | 4）直线横担改耐张横担，拆导线绑扎线和直线杆绝缘子时，造成短路 | 1）人体不应串入电路；<br>2）拆除扎线时，绝缘子铁脚和铁横担应遮蔽严密，且扎线的展放长度不大于10cm；<br>3）拆除扎线后，导线提升高度应不小于0.4m，且导线绝缘遮蔽应严密牢固。在导线下方应看不到明显的间隙，绝缘遮蔽用具组合的重叠长度不应少于15cm | |
| | | 5）直线横担改耐张横担，转移导线时逃线 | 1）临时固定并承载导线垂直应力的绝缘横担（绝缘支杆）安装牢固，机械强度应满足要求；<br>2）拆除和绑扎线时，应预先采取防止导线失去控制的措施，如用绝缘斗臂车绝缘小吊的吊钩勾住导线，使导线轻微受力； | |

续表

| 序号 | 控制节点（项目名称） | 风险因素 | 控制措施 | 条数 |
|---|---|---|---|---|
| 4.31 | 绝缘手套作业法直线杆改耐张杆并加装柱上开关或隔离开关 | 5）直线横担改耐张横担，转移导线时，逃线 | 3）转移导线时不应超出控制能力，如导线的垂直张力不应超过绝缘斗臂车小吊臂在相应起吊角度下的起重能力；<br>4）转移导线时，应有后备保护；<br>5）转移后的导线应作妥善固定 | 16 |
| | | 6）带负荷断导线，导致旁路设备过载 | 1）断线前，应安装绝缘分流线转移负荷电流；<br>2）短接开断点旁路回路的额定载流能力应大于等于1.2倍最大负荷电流；<br>3）应清除架空导线与绝缘分流线或旁路高压引线电缆的引流线夹连接处的脏污和氧化物；<br>4）绝缘分流线或旁路高压引线电缆的引流线夹宜朝上安装在架空导线上，并有防坠措施 | |
| | | 7）短接开断点的方式不当，导致短路 | 用绝缘分流线短接开断点时，应使用两辆绝缘斗臂车，采取同相同步的方式进行 | |
| | | 8）紧线及断线时逃线 | 1）紧线工具应有足够的机械强度；<br>2）紧线时，应密切注意绝缘紧线器等绝缘承力工具的受力情况，导线张力不应超出绝缘承力工具的额定能力；<br>3）紧线后，在更换耐张绝缘子串前，应在紧线用的卡线器外侧安装防止导线逃脱的后备保护，并使其轻微受力 | |
| | | 9）紧线时，相对地泄漏电流或接地电流伤人 | 1）收紧导线后，紧线装置绝缘有效长度不小于0.4m；<br>2）后备保护绝缘的有效长度不小于0.4m | |
| | | 10）导线固结至耐张线夹时，人体串入电路或发生接地短路，导致触电 | 1）横担、电杆、导线等应遮蔽严密，防止斗内电工在将导线固结到耐张绝缘子串时串人相对地的电路中；<br>2）在将导线固结到耐张绝缘子串时，应防止短接绝缘子串，必要时可脱下保护绝缘手套的羊皮手套 | |

续表

| 序号 | 控制节点（项目名称） | 风险因素 | 控制措施 | 条数 |
| --- | --- | --- | --- | --- |
| 4.31 | 绝缘手套作业法直线杆改耐张杆并加装柱上开关或隔离开关 | 11）吊装开关设备及上下传递材料时，造成重物打击，高空落物 | 1）在安装绝缘斗臂车小吊臂时，应检查：<br>•吊绳的机械强度（如断股、伸长率、变形等）；<br>•小吊滑轮和吊钩部件的完整性、操作的灵活性和机械强度。<br>2）起吊时，载荷不应超出绝缘斗臂车小吊相应起吊角度下的起重能力。<br>3）起吊时，应控制设备的晃动幅度，不应超出小吊的控制能力：<br>•绝缘斗臂车小吊升降和绝缘臂的起伏、升降、回转等操作不应同时进行；<br>•必要时还应在开关设备底座上增加绝缘控制绳，由地面电工进行控制。<br>4）起吊时，应正确选择并安装绝缘千斤绳套、卸扣。<br>5）上下传递设备、材料时，不应与电杆、绝缘斗臂车工作斗发生碰撞。<br>6）地面工作人员、杆上配合人员不得处于绝缘斗臂车绝缘臂、绝缘斗或开关设备下方 | 16 |
| | | 12）新开关设备的绝缘性能和操作性能不良，泄漏电流或短路电流产生的电弧伤人 | 1）在现场工器具检查的同时，检查开关设备的出厂合格证，应用绝缘电阻检测仪检测开关相间及相对地之间的绝缘电阻，不小于300MΩ，并进行试分、合操作；<br>2）在搭接新装开关设备两侧引线时，开关设备应处于分闸位置 | |
| | | 13）开关设备引线相序错误，合闸时相间短路 | 新装柱上断路器或隔离开关在合闸前，应对引线相序进行检查，必要时应用核相仪进行核相 | |
| | | 14）带负荷拆绝缘分流线或旁路回路 | 1）拆绝缘分流线或旁路回路前，应用绝缘操作棒操作柱上断路器的操动机构，使其合闸，并闭锁跳闸回路和操动机构；<br>2）在拆除由旁路负荷开关、旁路高压引下电缆等设备组成的旁路回路之前，应先用绝缘操作棒操作旁路负荷开关使其处于分闸位置 | |

续表

| 序号 | 控制节点（项目名称） | 风险因素 | 控制措施 | 条数 |
| --- | --- | --- | --- | --- |
| 4.31 | 绝缘手套作业法直线杆改耐张杆并加装柱上开关或隔离开关 | 15）作业空间狭小，人体串入电路，造成触电 | 1）接开关设备引线时，宜先接负荷侧，三相引线应按“先中间相，再两边相”或“由远到近”的顺序进行；<br>2）引线带电断、接的位置均应在干线搭接位置处进行；<br>3）作业中，应防止人体串入未接通的引线和干线之间，或串入隔离开关动、静触头之间；<br>4）有效控制开关设备的引线 | 16 |
| | | 16）监护不到位 | 进行复杂或高杆塔作业，必要时应增设专责监护人 | |
| 4.32 | 综合不停电作业法更换杆上变压器 | 1）重合闸过电压 | 1）应停用作业线路变电站内开关的自动重合闸装置；<br>2）对于馈线自动化配电网络，应停用作业点来电侧分段器的自动合闸功能 | 9 |
| | | 2）装置不符合作业条件 | 当日工作现场复勘时，工作负责人应与运维单位人员核对杆上变压器的额定容量、额定电压、额定电流、接线组别等铭牌参数以及分接开关位置等 | |
| | | 3）作业地点环境不符合停放移动电源车等特种工程车辆的需求 | 1）作业现场如有井盖、沟道等影响停放特种工程车辆的因素，应准备好枕木、垫板；<br>2）车辆应顺道路靠右侧停放，不应影响交通，并应在来车方向 50m 处设置“前方施工，车辆慢行（或绕行）”的标志 | |
| | | 4）移动箱变车不符合并列运行条件，强行并列对变压器造成冲击，产生的环流超过变压器承载能力 | 1）接线组别应与杆上变压器的一致；<br>2）变压比应一致，差值不大于 0.5％；<br>3）短路阻抗百分比应相等，差值应不大于 10％ | |

续表

| 序号 | 控制节点（项目名称） | 风险因素 | 控制措施 | 条数 |
|---|---|---|---|---|
| 4.32 | 综合不停电作业法更换杆上变压器 | 5）移动箱变车设备绝缘缺陷产生漏电、感应电等，引起接触电压触电 | 移动箱变车箱体应用不小于 $25mm^2$ 带有透明护套的铜绞线接地，接地棒埋设深度不少于 0.6m | 9 |
| | | 6）发电车与杆上变压器低压侧非同期并列，或发电车作为电动机运行 | 1）发电车与系统是两个独立的电源，发电车出线电缆挂接到低压架空线或低压配电箱出线开关负荷侧时，发电车应处于停运状态，并且发电车的出线开关处于分闸位置；不得在发电车未励磁的情况下直接接入系统。<br>2）新换杆上变压器投入运行前，发电车应停运，并使其出线开关处于分闸位置 | |
| | | 7）更换变压器时，电容电荷对地面电工放电 | 退出变压器应先在高低压两侧放电、接地，并在作业区域形成封闭保护通道后，地面电工才能登上变压器台架工作 | |
| | | 8）变压器运行产生的高温烫伤地面电工 | 地面电工拆卸变压器时应戴纱手套 | |
| | | 9）更换变压器时，误碰带电设备 | 跌落式熔断器静触头、上引线、主导线以及低压线路等应设置绝缘遮蔽隔离措施 | |
| 4.33 | 旁路作业 | 1）重合闸过电压 | 1）应停用作业线路变电站内开关的自动重合闸装置；<br>2）对于馈线自动化配电网络，应停用作业点来电侧分段器的自动合闸功能 | 9 |
| | | 2）装置不符合作业条件 | 1）现场勘察时，应通过配电调度确认作业区段线路最大负荷电流不大于 200A；<br>2）作业区段的线路长度应小于旁路作业装备的规模，不宜超过 400m； | |

续表

| 序号 | 控制节点（项目名称） | 风险因素 | 控制措施 | 条数 |
|---|---|---|---|---|
| 4.33 | 旁路作业 | 2）装置不符合作业条件 | 3）作业区段两侧的电杆应为耐张杆，否则应预先安排“直线杆改耐张杆”的工作；<br>4）当日工作现场复勘时，工作负责人应与运维单位人员一起确认工作区段内电源侧有电压互感器的开关设备，如具有配网自动化功能的分段开关、用户分界开关等的电压互感器已退出。注意：如无法通过隔离开关的操作退出电压互感器，应禁止作业 | 9 |
| | | 3）作业地点环境不符合停放工程车辆的需求 | 1）作业现场如有井盖、沟道等影响停放特种工程车辆的因素，应准备好枕木、垫板；<br>2）车辆应顺道路靠右侧停放，不应影响交通，并应在来车方向 50m 处设置“前方施工，车辆慢行（或绕行）”的标志 | |
| | | 4）旁路作业装备机电性能不良 | 工作当日，现场应对旁路作业装备进行检测：<br>1）表面检查，旁路作业装备在试验周期内，表面无明显损伤；<br>2）在电杆上架空敷设并组装好旁路柔性电缆、旁路连接器和旁路负荷开关等设备组成的旁路回路后，在旁路负荷开关合闸状态下，用 2500V 及以上电压的绝缘电阻检测仪检测旁路回路绝缘电阻，应不小于 500MΩ；<br>3）组装旁路回路设备时，旁路连接器、旁路负荷开关快速插拔接口以及旁路柔性电缆快速插拔终端的导电部分应进行清洁，在绝缘件的界面上用电缆清洁纸清洁后涂抹绝缘硅脂 | |
| | | 5）旁路作业装备受外力破坏 | 1）旁路电缆过街应采用架空敷设的方式，离地高度不小于 5m；<br>2）敷设时，旁路作业设备不应与地面磨擦、撞击以及过牵引。地面敷设时，旁路柔性电缆应用防护盖板、旁路连接器应用接头盒进行保护，旁路负荷开关应有防倾覆措施 | |

续表

| 序号 | 控制节点（项目名称） | 风险因素 | 控制措施 | 条数 |
| --- | --- | --- | --- | --- |
| 4.33 | 旁路作业 | 6）旁路作业装备电容电荷对地面电工放电 | 1）工作当日，在现场检测旁路作业装备整体的绝缘电阻时，应戴绝缘手套；试验后，应用放电棒进行充分放电后才能直接触碰。<br>2）杆上作业完成后，旁路作业装备退出运行后，地面电工应用放电棒对其充分后才能直接触碰 | 9 |
| | | 7）旁路作业设备感应电压造成接触电压触电 | 旁路回路应在旁路负荷开关、旁路连接器等设备的外露金属外壳处用截面积不小于 $25mm^2$、带有透明护套的接地线接地，临时接地体的埋设深度不小于 0.6m | |
| | | 8）旁路回路组装相序错误，投运时造成相间短路 | 1）组装旁路回路设备时，应严格按照相色或相序标志连接；<br>2）在对负荷侧旁路负荷开关进行合闸操作前，应进行核相 | |
| | | 9）在架空线路上断、接旁路高压引下电缆时，电缆空载电容电流引起的电弧伤人 | 1）旁路回路组建方式应正确：架空线路——旁路高压引下电缆——旁路负荷开关——旁路柔性电缆——旁路负荷开关——旁路高压引下电缆——架空线路时，架空线路至旁路负荷开关之间的高压引下电缆不应超过 50m；<br>2）在断、接旁路高压引下电缆时，旁路负荷开关应处于分闸状态 | |

# 第二模块　10kV 电缆不停电作业的风险源

**表 8-2　　10kV 电缆不停电作业的风险源及其控制措施**

| 序号 | 控制节点（项目名称） | 风险因素 | 控制措施 | 条数 |
| --- | --- | --- | --- | --- |
| 1 | 人员管理 | | | |
| 1.1 | 培训 | 作业人员技能和管理水平低下 | 应经专门培训取得作业项目相应的资格证书，既掌握架空线路带电作业的技能，又熟悉电缆运行、检修的流程 | 1 |

续表

| 序号 | 控制节点（项目名称） | 风险因素 | 控制措施 | 条数 |
| --- | --- | --- | --- | --- |
| 1.2 | 上岗资格认证 | 1）作业人员无上岗资格证 | 应经实习和获得单位批准取得作业项目的上岗资格 | 2 |
| | | 2）工作票签发人和工作负责人、专责监护人无相应资质，缺乏实践经验 | 工作负责人和工作票签发人应由具有3年及以上的实践经验，并经单位批准公布 | |
| 2 | 旁路作业装备的管理 | | | |
| 2.1 | 库房管理 | 绝缘工器具保管不当，机电性能降低 | 应存放于通风良好、清洁干燥的专用工具库房内，室内相对湿度和温度应满足带电作业用库房的规定和要求 | 1 |
| 2.2 | 运输管理 | 绝缘工器具保管不当，机电性能降低 | 运输时应采取防潮措施，使用专用工具袋、工具箱或工具车（旁路作业车，又称电缆车） | 1 |
| 2.3 | 现场管理 | 绝缘工器具使用不当，机电性能降低 | 1）相对湿度大于80%，禁止组装旁路作业设备；雨雪天气下，组装投入运行的旁路作业装备应做好防护措施。<br>2）使用前，应进行表面检查。旁路柔性电缆表面无划伤、起皱；旁路连接器表面无碰伤；旁路负荷开关$SF_6$气体气压正常，操动机构操作性能良好；旁路作业装备在试验周期内，表面无明显损伤。<br>3）在敷设、回收旁路作业装备时，应防止磕碰或划伤。敷设时应搁置在防护垫上或防护盖板内，跨越道路应采用架空敷设的方式；旁路连接器应用接头盒进行保护；旁路负荷开关应有防倾覆措施。<br>4）组装旁路作业装备时，绝缘部件应使用不起毛的布擦拭，或使用清洁纸进行清洁，不得使用带有毛刺或具有研磨作用的擦拭物擦拭。 | 1 |

续表

| 序号 | 控制节点（项目名称） | 风险因素 | 控制措施 | 条数 |
| --- | --- | --- | --- | --- |
| 2.3 | 现场管理 | 绝缘工器具使用不当，机电性能降低 | 5）旁路作业装备组装后，应用2500V及以上电压的绝缘电阻检测仪测量其整体绝缘电阻，应不小于500MΩ。<br>6）组装旁路作业装备时，应对旁路连接器、旁路负荷开关和移动负荷车的快速插拔接口以及旁路柔性电缆快速插拔终端的导电部分进行清洁，在绝缘件的界面上用电缆清洁纸清洁后涂抹绝缘硅脂 | 1 |
| 3 | 作业流程管理 | | | |
| 3.1 | 作业计划 | 计划管理混乱，任务来源不明确 | 1）作业计划应纳入市、县公司月度生产计划、周生产计划统一管理，并发文下达；<br>2）作业项目应经试验、论证、验收和经本单位批准 | 1 |
| 3.2 | 现场勘察 | 未组织现场勘察或现场勘察记录缺乏对工作的指导作用 | 1）应组织现场勘察；<br>2）现场勘察工作应由运维检修部组织，勘察人员应由带电作业班组、运行人员、电缆检修人员组成，且是各部门的工作票签发人或工作负责人；<br>3）勘察要素应明确，记录完整，勘察内容具有针对性（包含设备型号、系统接线、负荷电流和环境及其他影响作业的因素）；<br>4）现场停放旁路作业车、移动负荷车或绝缘斗臂车的道路坡度应不小于7°，地面坚实，并便于设置绝缘斗臂车接地的位置；绝缘斗臂车拟停放的位置应满足绝缘斗臂车作业范围 | 1 |
| 3.3 | 施工方案与工作票 | 1）施工方案不具备指导性和现场工作的流程管理 | 施工方案作业流程清晰，责任明确 | 42 |
| | | 2）工作票信息不完整或错误 | 工作票任务清晰，安全措施明确 | |

续表

| 序号 | 控制节点（项目名称） | 风险因素 | 控制措施 | 条数 |
|---|---|---|---|---|
| 3.4 | 现场复勘 | 1）工作地点错误，装置条件与前期勘察结果不符，不满足作业条件 | 到达现场应核对线路名称或设备的双重命名，并与运维人员一起确认安全措施已经落实 | 2 |
| | | 2）气象条件不满足作业要求 | 应在良好的天气下进行作业，到达现场应实测湿度和风速，湿度不大于80%，风速不大于5级 | |
| 3.5 | 工作许可和终结 | 未经许可擅自开展工作，工作界面重叠交叉 | 1）现场工作前，宜由现场总负责人与值班调控人员或运维人员联系，获得整项的工作许可。<br>2）现场应由总负责管理作业流程，每个工作组向总负责人获得工作许可和进行工作终结。工作界面交接时，应先终结前一张工作票，再进行下一项工作的现场勘察和张工作票的许可 | 1 |
| 4 | 作业项目特殊风险因素 | | | |
| 4.1 | 更换两环网柜间线路或设备 | 1）装置条件不符合作业条件 | 1）待检修电缆两侧的设备应是环网柜，线路或设备的最大负荷电流应不大于200A；<br>2）旁路作业装备的配置规模应满足待检修线路的范围，电缆旁路作业应使用旁路柔性电缆等专用装备；<br>3）环网柜接地装置良好，外壳接地可靠；<br>4）环网柜绝缘良好（$SF_6$绝缘的环网柜气压在正常范围内）、“五防”装置良好、信号和接线指示清晰 | 9 |
| | | 2）作业方案与装置条件不匹配 | 1）当环网柜具有备用间隔时，应采用不停电作业作业方案，反之应采用短时停电作业方案；<br>2）当环网柜不具有可供核相的带电显示装置时，旁路回路应串接旁路负荷开关 | |

续表

| 序号 | 控制节点（项目名称） | 风险因素 | 控制措施 | 条数 |
|---|---|---|---|---|
| 4.1 | 更换两环网柜间线路或设备 | 3）作业地点环境不符合停放工程车辆的需求 | 1）作业现场如有井盖、沟道等影响停放旁路车（电缆车）等特种工程车辆的因素，应准备好枕木、垫板；<br>2）车辆应顺道路靠右侧停放，不应影响交通，并应在来车方向50m处设置“前方施工，车辆慢行（或绕行）”的标志 | 9 |
| | | 4）旁路作业装备的电容电荷对地面电工放电 | 工作当日，在现场检测旁路作业装备整体的绝缘电阻时，应戴绝缘手套；试验后，应用放电棒进行充分放电后才能直接触碰 | |
| | | 5）环网柜带电，接入旁路柔性电缆肘型终端设备时触电 | 1）禁止破坏环网柜“五防”装置，强行解锁打开环网柜出线侧面板。<br>2）环网柜非作业间隔的防护围栏应设置严密，标志牌齐全；完成环网柜上相关工作后，应及时关上柜门。<br>3）接旁路柔性电缆肘型终端前，应用验电器对环网柜箱体、开关出线侧接头进行验电，确认无电 | |
| | | 6）旁路作业设备感应电压造成接触电压触电 | 旁路回路应将旁路柔性电缆金属护层用截面积不小于$25mm^2$、带有透明护套的接地线通过两侧环网柜金属外壳接地。当旁路回路的长度超过500m或金属护层上的环流超过20A时，金属护层的宜采用多点接地方式 | |
| | | 7）旁路回路组装相序错误，投运时造成相间短路 | 1）组装旁路回路设备时，应严格按照相色或相序标志连接；<br>2）投入旁路回路，操作最后一台开关时应先进行核相 | |
| | | 8）倒闸操作顺序错误，引发接地短路事故 | 1）严格按照倒闸操作顺序管理操作票和发布操作任务；<br>2）操作中严格执行监护和复诵制度 | |

续表

| 序号 | 控制节点（项目名称） | 风险因素 | 控制措施 | 条数 |
| --- | --- | --- | --- | --- |
| 4.1 | 更换两环网柜间线路或设备 | 9）旁路回路超载、金属护层环流使旁路作业装备过热 | 1）旁路回路投入运行后，应每隔0.5h时检测其载流情况；<br>2）当旁路回路长度超过500m，必要时应检测旁路电缆金属护层环流，不得大于20A | 9 |
| 4.2 | 临时取电 | 1）装置条件不符合作业条件 | 1）最大负荷电流应不大于200A，如取电至移动负荷车，最大负荷电流应不超过移动负荷车车载变压器额定电流；<br>2）从环网柜临时取电或取电至环网柜，环网柜接地装置良好，外壳接地可靠；环网柜绝缘良好（SF6绝缘的环网柜气压在正常范围内），"五防"装置良好，信号和接线指示清晰 | 7 |
| | | 2）作业方案与装置条件不匹配 | 1）取电电源点应是环网柜或10kV架空线路。从环网柜临时取电时，应具有备用间隔。<br>2）当取电电源点是架空线路，且旁路柔性电缆长度超过50m时，断、接旁路柔性电缆引流线夹时应采取消弧措施，如使用带电作业用消弧开关或临时取电回路串接旁路负荷开关。<br>3）负荷一般情况下应处于无电状态。如有电，临时取电回路投入运行时，应先进行核相 | |
| | | 3）旁路柔性电缆的电容电荷对电工放电 | 1）工作当日，在现场检测旁路作业装备整体的绝缘电阻时，应戴绝缘手套；试验后，应用放电棒进行充分放电后才能直接触碰。<br>2）如果从架空线路临时取电至移动负荷车，临时取电回路退出运行后，应先用放电棒进行充分放电后才能直接触碰 | |

续表

| 序号 | 控制节点（项目名称） | 风险因素 | 控制措施 | 条数 |
|---|---|---|---|---|
| 4.2 | 临时取电 | 4）旁路作业设备感应电压造成接触电压触电 | 临时取电回路应将旁路柔性电缆金属护层用截面积不小于25mm$^2$、带有透明护套的接地线通过环网柜、移动负荷车或旁路负荷开关的金属外壳接地。当临时回路的长度超过500m或金属护层上的环流超过20A时，金属护层宜采用多点接地方式 | 7 |
| | | 5）临时取电回路组装相序错误，投运时造成相间短路或高压负荷设备反转 | 1）组装临时取电回路设备时，应严格按照相色或相序标志连接；<br>2）当负荷处于有电暂态下投入临时取电回路，操作最后一台开关时应先进行核相 | |
| | | 6）倒闸操作顺序错误，引发接地短路事故 | 1）严格按照倒闸操作顺序管理操作票和发布操作任务；<br>2）操作中严格执行监护和复诵制度 | |
| | | 7）临时取电回路超载、金属护层环流使旁路作业装备过热 | 1）临时回路投入运行后，应每隔0.5h检测其载流情况；<br>2）当临时取电回路长度超过500m，必要时应检测旁路电缆金属护层环流，不得大于20A | |

# 参考文献


[1] 史兴华. 配电线路带电作业技术与管理 [M]. 北京：中国电力出版社，2010.

[2] 李如虎. 带电作业时导线过牵引力的简便计算方法 [J]. 广西电力，2011 (3).

[3] 方向晖. 中低压配电网规划与设计基础 [M]. 北京：中国水利水电出版社，2004.

[4] 周鄂，徐德淦，濮开贵. 电机学 [M]. 北京：水利电力出版社，1988.

[5] 周泽存. 高电压技术 [M]. 北京：水利电力出版社，1988.

[6] 杨晓翔，等. 带负荷更换 10kV 线路柱上开关的作业方法 [J]. 湖州师范学院学报，2009 (2).

[7] 杨晓翔，等. 10kV 旁路作业设备试验分析 [J]. 中国电业，2013 (增刊).

[8] 杨晓翔，等. 10kV 配电网不停电作业中旁路柔性电缆的保护接地研究 [J]. 华东电力，2013 (8).

[9] 杨晓翔，等. 旁路移动负荷车变压器接线组或相角调整方案 [J]. 变压器，2013 (11).

[10] 杨晓翔，等. 旁路负荷转移车电气接线方案探讨 [J]. 电气应用，2013 (1).

[11] 杨晓翔，等. 浅谈配电自动化对配电带电作业安全的影响 [J]. 水电能源科学，2013 (4).